Condensé de physique mathématique appliquée I

Mathématiques essentielles

Ophelliam Loiselet

ISBN : 978-2-9576494-0-2
Dépôt légal : avril 2021

Préface

"Quand un homme a faim, mieux vaut lui apprendre à pêcher que de lui donner un poisson", Confucius.

Pendant mon cursus universitaire (école d'ingénieurs et thèse en physique) j'ai pu observer des lacunes chez les étudiants, qui n'arrivaient pas à appliquer le raisonnement mathématique en physique. En général, un résultat était "accepté" par les étudiants, sans regard critique sur les étapes de calculs les y amenant, ce qui entraînait de gros problèmes de compréhension par la suite.

On peut tout à fait être un bon physicien sans trop pratiquer les mathématiques, néanmoins, c'est une approche qui permet d'apprendre rapidement un ensemble de processus par une seule formule. De plus, la capacité de généralisation d'une loi physique, permet au physicien de mieux comprendre ses applications pratiques.

Ce livre pédagogique, d'un niveau très progressif, est destiné aux lycéens scientifiques de terminale, étudiants d'ingénierie, de physique et de mathématiques appliquées de premier, deuxième et de troisième cycle universitaire pour le dernier chapitre. Il s'agit du tome I d'une série de livres contenant des cours de physique mathématique permettant de résoudre des problèmes d'ingénierie. On présente, dans ce tome, les outils théoriques permettant d'aborder des domaines essentiels tels que les télécommunications, la mécanique industrielle, la production d'énergie, le transport de fluides et le génie civil.

Le champ d'ouverture des mathématiques étant très large, il est donc difficile de savoir quelle branche apprendre. C'est pourquoi ; ce premier tome propose de délivrer des bases solides en un cours très condensé. Pour la pédagogie, nous partons d'une notation simple, commune aux lycéens, avec un rappel des calculs élémentaires, jusqu'aux équations différentielles partielles, régissant la plupart des problèmes de physique.

Table des matières

Liste des tableaux

Chapitre 1

Introduction

1.1 Définition

La physique mathématique est une branche des mathématiques dédiée à la résolution de problèmes de physique.

1.2 Rôle des mathématiques dans la physique

Les récentes découvertes de physique, incluant les résultats spectaculaires de mécanique quantique (mesure du Boson de Higgs au LHC en juillet 2012) et plus récemment de relativité générale (mesure d'ondes gravitationnelles au détecteur LIGO en septembre 2015) ont démontré que le langage mathématique était actuellement le langage clé pour décrire la physique. Les lois physiques sont décrites par des formules, le plus souvent contractées, qui nous permettent de prédire des comportements. La maîtrise de ces formules suffit pour comprendre pratiquement l'intégralité de la physique connue. On peut citer, par exemple, les équations de Maxwell qui, à elles seules, décrivent un nombre incalculable d'applications, dont la génération d'électricité ainsi que l'ensemble des télécommunications. Tout cela en seulement quatre équations, reliant le champ électromagnétique à ses sources.

1.3 Présentation du livre

1.3.1 Objectifs

Nous tentons de donner tous les outils mathématiques nécessaires à la physique classique et appliquée. Certains concepts sont très redondants, c'est pour cela que nous condensons l'essentiel dans une centaine de pages et nous renvoyons le lecteur intéressé vers des ouvrages de référence. Les notions présentées dans ce livre peuvent paraître à première vue complexes et rébarbatives, c'est pourquoi nous montrons à quel type de problème concret, elles sont reliées.

Si à l'issue de ce livre, le lecteur est passionné par la théorie et souhaite approfondir, il pourra consulter l'ouvrage [1], extrêmement riche et contenant de nombreux exemples.

1.3.2   Calcul analytique

Nous privilégions le calcul analytique (formules compactes pour des problèmes simplifiés) au calcul numérique (ordinateur qui calcule des problèmes complexes) pour différentes raisons : la compréhension, la nécessité de savoir dimensionner un système et la rapidité.

1.3.3   Différence avec un livre académique

Souvent, les livres pédagogiques de mathématiques académiques donnent une explication exhaustive de chaque objet mathématique, alors que les physiciens et les ingénieurs n'en n'ont souvent pas besoin. Nous essayons donc d'éviter les lourdeurs et de garder le lecteur en haleine tout le long du cours.

1.3.4   Structure

Le livre est hiérarchisé en fonction de la difficulté et de l'imbrication des concepts. Au chapitre 2, niveau terminale, nous rappelons des règles de calculs et opérations élémentaires en analyse ainsi que les vecteurs du plan. Le chapitre 3 introduit la géométrie dans l'espace, les matrices d'algèbre et les repères orthonormés. Dans le chapitre 4, nous présentons les opérateurs vectoriels (chemin naturel vers les équations différentielles partielles), les équations différentielles ordinaires et l'analyse spectrale. À l'issue du chapitre 4, la maîtrise des outils délivrés permettront d'aborder une gamme très large de problèmes d'ingénierie comme la mécanique, l'automatique et l'électricité. Enfin, le chapitre 5 permet à l'ingénieur physicien de comprendre les simulations numériques de phénomènes physiques impliquant des champs (température, pression, vitesse d'un fluide, onde électromagnétique etc) à travers l'introduction aux équations différentielles partielles et aux fonctions de Green.

$\ln(x)$	logarithme Népérien de x
$\log(x)$	logarithme décimal : $\log(x) = \frac{\ln x}{\ln 10}$
$\{1, N\}$	nombres entiers allant de 1 à N
$\sum_{k=0}^{N} a_k$	$a_0 + a_1 + a_2 + ... + a_N$, signe somme
$\prod_{k=0}^{N} a_k$	$a_0 a_1 a_2 ... a_N$, signe produit
$n\,!$	$n(n-1)(n-2)... \times 4 \times 3 \times 2 \times 1$, factorielle
$f(x)$	fonction de la variable continue x
$\frac{\mathrm{d}^n}{\mathrm{d}x^n} f(x) = f^{(n)}(x)$	dérivée $n^{\text{ième}}$ de $f(x)$
$\lvert a \rvert$	valeur absolue de a
$\boldsymbol{A}$	vecteur
$A = \lVert \boldsymbol{A} \rVert$	norme du vecteur $\boldsymbol{A}$
$\boldsymbol{A}^{T}$	transposé du vecteur
$\widehat{A}$	matrice ou opérateur
$\widehat{\mathbb{1}}$	matrice identité
$\boldsymbol{A}.\boldsymbol{B}$, $\boldsymbol{A}^T\boldsymbol{B}$	produit scalaire de deux vecteurs
$\boldsymbol{A} \otimes \boldsymbol{B}$, $\boldsymbol{A}\boldsymbol{B}^{T}$	produit dyadique de deux vecteurs
$\boldsymbol{\nabla}$	gradient
$\boldsymbol{\nabla}^{T}$	divergence
$\boldsymbol{\nabla}\wedge$	rotationnel
Δ	Laplacien
$\widehat{\Delta}$	Laplacien vectoriel
$\omega = 2\pi f$	fréquence angulaire en rad/s
$\mathrm{d}^3 r$	élément de volume infinitésimal
(x, y, z)	repère cartésien
(ρ, φ, z)	repère cylindrique
(r, θ, φ)	repère sphérique

TABLE 1.1 – Notations mathématiques

Chapitre 2

Fondamentaux 1/3

2.1 Rappels de calculs élémentaires

Cette partie est destinée aux lecteurs n'ayant plus l'habitude de faire des mathématiques ou ayant certaines lacunes pour effectuer des calculs élémentaires.

2.1.1 Simplification de fractions

On rencontre beaucoup de fractions dans les calculs, notamment la fraction de fractions. On rappelle ici que l'on simplifie une fraction de fractions en deux étapes pour quatre nombres a, b, c et d (b, c, et d différents de 0) par les opérations suivantes sur le numérateur et dénominateur :

$$\frac{\frac{a}{b}}{\frac{c}{d}} = \frac{b\,\frac{a}{b}}{b\,\frac{c}{d}} = \frac{a}{\frac{cb}{d}} = \frac{d\,a}{d\,\frac{cb}{d}} = \frac{ad}{cb} \tag{2.1}$$

2.1.2 Règles de calculs pour les puissances

Définition

Soit un nombre x élevé à la puissance des premiers nombres entiers :

$$x^1 = x \tag{2.2}$$

$$x^2 = xx \tag{2.3}$$

$$x^3 = xxx \tag{2.4}$$

et ainsi de suite pour les nombres entiers. On généralise la notion de nombre élevé à une puissance α (qui n'est pas forcément un nombre entier) par une série de Taylor (la calculatrice se charge de l'approximer), que l'on verra par la suite.

Propriétés importantes

On rappelle ici que la puissance α du produit de deux nombres a et b s'écrit :

$$(ab)^\alpha = a^\alpha b^\alpha \tag{2.5}$$

La puissance "$-\alpha$" d'un nombre correspond à l'inverse de ce nombre élevé à la puissance α, soit :

$$b^{-\alpha} = \frac{1}{b^\alpha} \tag{2.6}$$

Le produit du même nombre élevé à deux puissances différentes (α et β) s'écrit :

$$a^\alpha a^\beta = a^{\alpha+\beta} \tag{2.7}$$

On écrit la composition de deux puissances par :

$$(a^\alpha)^\beta = a^{\alpha\beta} \tag{2.8}$$

On définit la "racine α" de a par :

$$\sqrt[\alpha]{a} = a^{\frac{1}{\alpha}} \tag{2.9}$$

avec le cas particulier $\alpha = 2$ qui correspond à la racine carrée :

$$\sqrt[2]{a} = \sqrt{a} = a^{\frac{1}{2}} \tag{2.10}$$

On rappelle également que tout nombre a, différent de zéro, élevé à la puissance zéro vaut un :

$$a^0 = 1 \tag{2.11}$$

2.2 Trigonométrie

2.2.1 Définitions

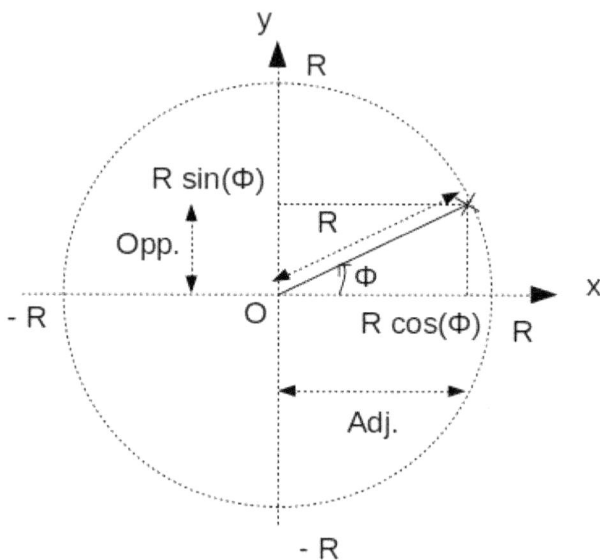

FIGURE 2.1 – Représentation du cercle trigonométrique dans le plan xOy et des fonctions cosinus et sinus

La trigonométrie est l'étude des angles dans un triangle. Le calcul de longueur, d'aire ou de volume en géométrie passe par la trigonométrie.

Cosinus et sinus

Sur la figure 2.1 on a représenté dans le plan xOy le triangle rectangle d'hypoténuse R ayant un angle φ (s'exprimant en radians) avec l'axe des abscisses x. Le triangle rectangle possède un côté adjacent à φ et un côté opposé à φ notés respectivement Adj et Opp. Conformément à la figure, on définit les fonctions sinus et cosinus de l'angle φ par :

$$R|\cos\varphi| = \text{Adj} \tag{2.12}$$

$$R|\sin\varphi| = \text{Opp} \tag{2.13}$$

Le théorème de Pythagore pour ce triangle rectangle s'écrivant :

$$Adj^2 + Opp^2 = R^2 \tag{2.14}$$

on en déduit que :

$$\cos^2 \varphi + \sin^2 \varphi = 1 \tag{2.15}$$

Graphiquement, on déduit facilement le signe de $\cos \varphi$ et de $\sin \varphi$. L'angle φ étant compris entre 0 et 2π radians (π radians $= 180$ degrés) on a : $\cos \varphi \geq 0$ pour $-\pi/2 \leq \varphi \leq \pi/2$ (et $\cos \varphi \leq 0$ pour $\pi/2 \leq \varphi \leq 3\pi/2$) et $\sin \varphi \geq 0$ pour $0 \leq \varphi \leq \pi$ (et $\sin \varphi \leq 0$ pour $\pi \leq \varphi \leq 2\pi$).

Tangente

S'ajoute aux fonctions sinus et cosinus la fonction tangente définie analytiquement par :

$$\tan \varphi = \frac{\sin \varphi}{\cos \varphi} \tag{2.16}$$

2.2.2 Quelques propriétés importantes

Périodicité

Les fonctions sinus et cosinus sont périodiques, de période 2π radians (on le voit graphiquement sur la figure 2.1). Mathématiquement cela s'exprime par :

$$\cos(\varphi + 2p\pi) = \cos \varphi \tag{2.17}$$
$$\sin(\varphi + 2p\pi) = \sin \varphi \tag{2.18}$$

avec p un entier relatif.

Parité

Toujours graphiquement, il est facile de voir la parité des fonctions sinus/cosinus :

$$\cos(-\varphi) = \cos \varphi \tag{2.19}$$
$$\sin(-\varphi) = -\sin \varphi \tag{2.20}$$

Le cosinus est donc pair et le sinus impair.

Valeurs importantes

Sur la figure 2.1, on voit que le sinus s'annule pour les angles 0 et π (180°) et le cosinus en $\pm\pi/2$ ($\pm$90°). De même le cosinus prend les valeurs ± 1 pour les angles 0 et π et le sinus prend les valeurs ± 1 pour les angles $\pi/2$ et $-\pi/2$. Plus rigoureusement, ces fonctions étant périodiques, on écrit :

$$\cos\left(\frac{\pi}{2} + p\pi\right) = 0 \tag{2.21}$$

$$\sin\left(\pi + p\pi\right) = 0 \tag{2.22}$$

$$\cos\left(p\pi\right) = (-1)^p \tag{2.23}$$

$$\sin\left(\frac{\pi}{2} + p\pi\right) = (-1)^p \tag{2.24}$$

avec p un entier relatif.

Calcul du sinus et cosinus

Nous verrons par la suite que les fonctions sinus et cosinus (ainsi que de nombreuses autres) peuvent s'écrire sous la forme d'une série de puissances de x (polynôme) avec la formule du développement de Taylor. Les ordinateurs calculent donc les valeurs de $\cos(x)$ et $\sin(x)$, pour tout nombre x, grâce à cette formule.

Identités trigonométriques

Sans lister la totalité des identités trigonométriques, on retiendra seulement les deux formules suivantes (démontrables à partir de la formule d'Euler, que l'on verra par la suite avec les nombres complexes) :

$$\cos\left(\varphi_1 + \varphi_2\right) = \cos\varphi_1 \cos\varphi_2 - \sin\varphi_1 \sin\varphi_2 \tag{2.25}$$

$$\sin\left(\varphi_1 + \varphi_2\right) = \cos\varphi_1 \sin\varphi_2 + \sin\varphi_1 \cos\varphi_2 \tag{2.26}$$

2.3 Fonctions élémentaires

Les fonctions élémentaires en mathématiques sont en général (point discutable) le logarithme Népérien, l'exponentielle, la fonction identité ($f(x) = x$), le cosinus et le sinus. Nous les représentons sur la figure 2.2.

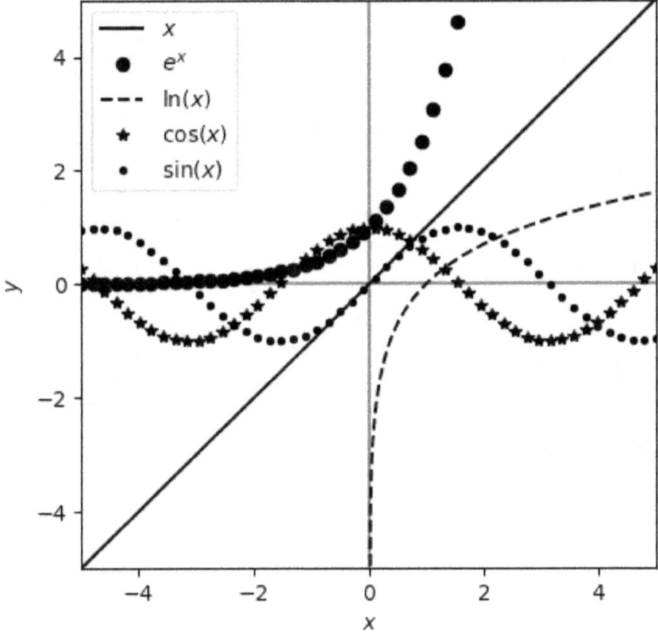

FIGURE 2.2 – Représentation des fonctions élémentaires dans le repère xOy, $x > 0$ pour $\ln(x)$.

On peut appliquer un ensemble d'opérations sur ces fonctions élémentaires pour créer de nouvelles fonctions composites : l'addition de deux fonctions, la multiplication par un nombre, le produit de deux fonctions, la composition de deux fonctions, l'élévation à une puissance etc.

Exemple

On définit une fonction $f(x)$ par :

$$f(x) = \frac{1}{e^{x^2} + 1} \tag{2.27}$$

On peut l'écrire comme :

$$f(x) = u\left(v(x^2) + x^0\right) \tag{2.28}$$

avec :

$$u(x) = \frac{1}{x} \tag{2.29}$$

$$v(x) = e^x \tag{2.30}$$

Ainsi, la fonction $\tan x$ est composite car issue du rapport entre $\sin x$ et $\cos x$.

2.3.1   Logarithme

Définition

Le logarithme Népérien d'un produit ab (> 0) donne (définition) :

$$\ln(ab) = \ln(a) + \ln(b) \tag{2.31}$$

avec $\ln(e) = 1$, où $e \simeq 2,72$ est la constante de Néper.

Quelques propriétés

— $\ln\left(a^b\right) = b\ln(a)$ avec $a > 0$

— $\ln(1) = 0$

Logarithme décimal

On définit le logarithme décimal de x, noté $\log(x)$, par :

$$\log(x) = \frac{\ln(x)}{\ln(10)} \simeq 0,43\ln(x) \tag{2.32}$$

2.3.2   Fonction exponentielle

Définition

La fonction exponentielle de x est e^x, avec e la constante de Néper introduite par le logarithme Népérien.

Quelques propriétés

Les propriétés suivantes découlent des règles de calculs sur les puissances :

— $e^{a+b} = e^a e^b$

— $e^0 = 1$

— $e^1 = e \simeq 2,72$

2.3.3 Fonctions réciproques

Une fonction $f(x)$ peut avoir une fonction réciproque $f_{-1}(x)$ telle que :

$$f(f_{-1}) = f_{-1}(f) = x \tag{2.33}$$

Par exemple les fonctions $\ln(x)$ et e^x sont réciproques l'une de l'autre :

$$\ln(e^x) = x \tag{2.34}$$
$$e^{\ln(x)} = x \tag{2.35}$$

Nous donnons une liste des réciproques de fonctions élémentaires (et de x^a) dans le tableau 2.1.

$f(x)$	$f_{-1}(x)$
x	x
x^a, $x \neq 0$ et $a \neq 0$	$x^{\frac{1}{a}}$
e^x	$\ln(x)$, $x > 0$
$\ln x$, $x > 0$	e^x
$\cos x$	$\arccos(x)$, $-1 \leq x \leq 1$
$\sin x$	$\arcsin(x)$, $-1 \leq x \leq 1$

TABLE 2.1 – Réciproques des fonctions élémentaires

Les fonctions $\arcsin(x)$ et $\arccos(x)$ sont représentées sur la figure 2.3.

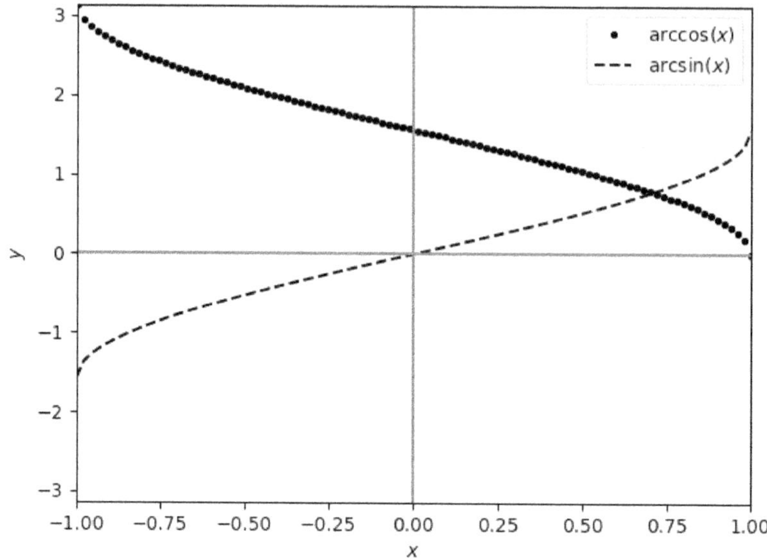

FIGURE 2.3 – Représentation des fonctions arcsin et arccos dans le repère xOy.

2.4 Dérivée ordinaire

La dérivée d'une fonction étudie ses variations. Ainsi on peut étudier les variations d'une quantité physique en fonction d'un ou plusieurs de ses paramètres grâce à l'outil mathématique de dérivation. La dérivée d'une fonction à une seule variable est appelée dérivée ordinaire.

2.4.1 Définition

On définit la dérivée au point x d'une fonction $f(x)$:

$$\frac{\mathrm{d}}{\mathrm{d}x} f(x) = \lim_{h \to 0} \frac{f(x+h) - f(x)}{h} \tag{2.36}$$

À partir de cette définition, on peut calculer les dérivées de divers fonctions de x comme :

$$\frac{\mathrm{d}}{\mathrm{d}x}x = \lim_{h\to 0}\frac{x+h-x}{h} = \lim_{h\to 0}\frac{h}{h} = 1 \qquad (2.37)$$

$$\frac{\mathrm{d}}{\mathrm{d}x}x^2 = \lim_{h\to 0}\frac{x^2+h^2+2xh-x^2}{h} = \lim_{h\to 0}(2x+h) = 2x \qquad (2.38)$$

$$\frac{\mathrm{d}}{\mathrm{d}x}1 = \lim_{h\to 0}\frac{1-1}{h} = 0 \qquad (2.39)$$

Avec cette définition on peut donc calculer aisément les dérivées des fonctions élémentaires.

2.4.2 Dérivabilité

Une fonction $f(x)$ est dérivable en a si elle est définie en cette valeur et, grossièrement parlant, "non anguleuse".

Exemples

Les fonctions :

$$f_1(x) = \frac{1}{x} \qquad (2.40)$$

$$f_2(x) = |x| \qquad (2.41)$$

ne sont pas dérivables en $x = 0$. En effet $1/x$ est non définie en 0 et $|x|$ est "anguleuse" en 0. On les trace sur la figure 2.4.

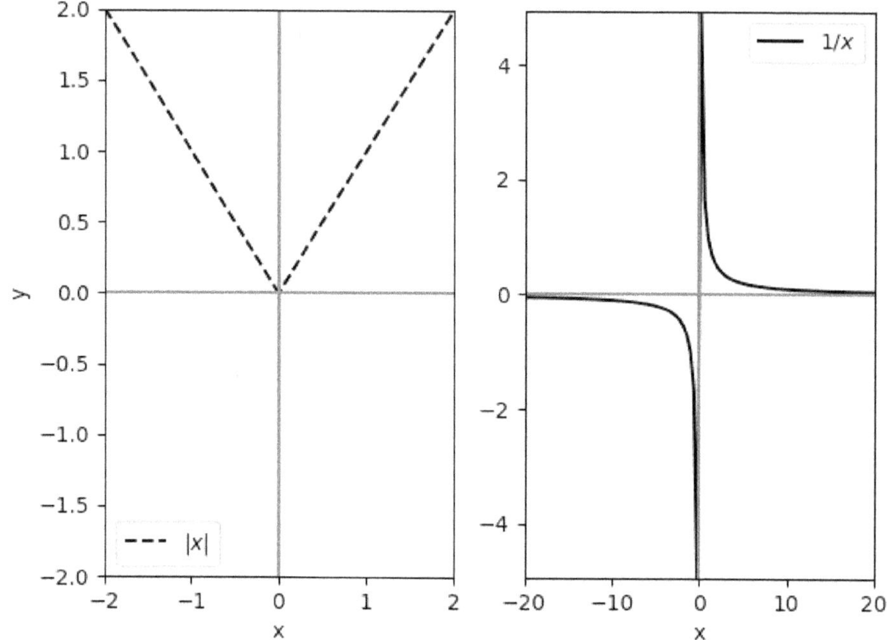

FIGURE 2.4 – Exemples de fonctions de x non dérivables en $x = 0$

2.4.3 Linéarité

L'opération de dérivation est linéaire. C'est à dire que pour deux fonctions $f(x)$ et $g(x)$ et deux nombres λ et μ on a :

$$\frac{\mathrm{d}}{\mathrm{d}x}\left(\lambda f(x) + \mu g(x)\right) = \lambda\frac{\mathrm{d}}{\mathrm{d}x}f + \mu\frac{\mathrm{d}}{\mathrm{d}x}g \tag{2.42}$$

En d'autres termes : la dérivée d'une somme de fonctions est la somme des dérivées.

2.4.4 Tableau de dérivées élémentaires

On liste les dérivées des fonctions élémentaires dans le tableau 2.2.

Certaines règles de dérivations sont à connaître pour des fonctions composites. On peut démontrer tous les résultats suivant en utilisant simplement la définition de la dérivée 2.36. On note pour cette section (dans le but d'alléger les notations) :

$f(x)$	Dérivée $\frac{\mathrm{d}f(x)}{\mathrm{d}x}$
1	0
x	1
x^a, si $a < 1$ alors $x \neq 0$	ax^{a-1}
e^x	e^x
$\ln x$, $x \neq 0$	$\frac{1}{x}$
$\cos x$	$-\sin x$
$\sin x$	$\cos x$

TABLE 2.2 – Dérivées des fonctions élémentaires

$$u'(x) = \frac{\mathrm{d}}{\mathrm{d}x}u \tag{2.43}$$

$$v'(x) = \frac{\mathrm{d}}{\mathrm{d}x}v \tag{2.44}$$

2.4.5 Dérivée du produit

La dérivée du produit de deux fonctions $u(x)$ et $v(x)$ s'écrit :

$$(uv)' = u'v + uv' \tag{2.45}$$

Exemple

Soit deux fonctions $u(x) = x$ et $v(x) = e^x$. On obtient la dérivée de leur produit avec la formule ci-dessus :

$$(uv)' = x'e^x + x\left(e^x\right)' = e^x + xe^x = e^x\left(1 + x\right) \tag{2.46}$$

2.4.6 Règle de chaîne

La dérivée d'une composition de fonction $u(v)$ s'écrit :

$$u'\left(v\right) = \frac{\mathrm{d}}{\mathrm{d}x}u(v) = \frac{\mathrm{d}u}{\mathrm{d}v}\frac{\mathrm{d}v}{\mathrm{d}x} \tag{2.47}$$

soit :

$$u'\left(v\right) = v'\frac{\mathrm{d}u}{\mathrm{d}v} \tag{2.48}$$

Cas particulier $u(x) = 1/x$

Quand u est la fonction inverse alors $u(v) = 1/v$ et :

$$\left(\frac{1}{v}\right)' = v'\frac{\mathrm{d}}{\mathrm{d}v}\left(\frac{1}{v}\right) = v'\frac{\mathrm{d}}{\mathrm{d}v}\left(v^{-1}\right) = -\frac{v'}{v^2} \tag{2.49}$$

Exemple

Soit $u(x) = 1/x$ et $v(x) = x^2 + 1$. On calcule la dérivée de $u(v(x))$ avec la règle de chaîne :

$$u'(v(x)) = \left(\frac{1}{x^2 + 1}\right)' = \left(x^2 + 1\right)'\frac{\mathrm{d}}{\mathrm{d}v}\left(\frac{1}{v}\right) = 2x\left(-\frac{1}{v^2}\right) = -\frac{2x}{\left(x^2 + 1\right)^2} \tag{2.50}$$

2.4.7 Dérivée de la fonction réciproque

On note u_{-1} la fonction réciproque de $u(x)$. La dérivée de u_{-1} est :

$$u'_{-1} = \frac{1}{u'\left(u_{-1}\right)} \tag{2.51}$$

Exemple

On veut calculer la dérivée de $\arctan(x)$, réciproque de $\tan(x)$. On applique la formule directement :

$$\arctan'(x) = \frac{1}{\tan'(\arctan(x))} \tag{2.52}$$

où (dérivée du produit) :

$$\tan'(x) = \left(\frac{\sin(x)}{\cos(x)}\right)' = \frac{\cos(x)}{\cos(x)} + \frac{\sin(x)^2}{\cos(x)^2} = 1 + \tan(x)^2 \tag{2.53}$$

On obtient alors :

$$\arctan'(x) = \frac{1}{1 + \tan(\arctan(x))^2} = \frac{1}{1 + x^2} \tag{2.54}$$

2.5 Dérivée partielle

Il arrive qu'une fonction f dépende de plus d'une variable (position, temps etc). Si f dépend de (x, y, z, t) par exemple (trois variables d'espace et une de temps), la dérivée par rapport à x de $f(x, y, z, t)$ s'écrit $\frac{\partial f}{\partial x}$. Par exemple si on prend la fonction :

$$f(x, y) = x^2 + cos(yx) \tag{2.55}$$

les dérivées partielles donnent alors :

$$\frac{\partial}{\partial x} f = 2x - y \sin(yx) \tag{2.56}$$

$$\frac{\partial}{\partial y} f = -x \sin(yx) \tag{2.57}$$

2.5.1 Théorème de Schwarz

Le théorème de Schwarz stipule que pour une fonction $g(x, y)$ (dérivable en x et y) on a :

$$\frac{\partial^2 g}{\partial x \partial y} = \frac{\partial^2 g}{\partial y \partial x} \tag{2.58}$$

L'ordre de dérivation ne change donc pas. Si on reprend l'exemple 2.55 on a bien :

$$\frac{\partial^2 f}{\partial x \partial y} = \frac{\partial}{\partial x} \left(\frac{\partial f}{\partial y} \right) = -\sin(yx) - yx \cos(yx) \tag{2.59}$$

$$\frac{\partial^2 f}{\partial y \partial x} = \frac{\partial}{\partial y} \left(\frac{\partial f}{\partial x} \right) = -\sin(yx) - yx \cos(yx) \tag{2.60}$$

2.5.2 Différentielle totale exacte

Les dérivées partielles permettent d'introduire une nouvelle quantité : la différentielle totale exacte. Soit une fonction $g(x, y)$ (dérivable en x et en y), on définit la différentielle totale exacte de g, noté $\mathrm{d}g$, par la quantité :

$$\mathrm{d}g = \frac{\partial g}{\partial x} \, \mathrm{d}x + \frac{\partial g}{\partial y} \, \mathrm{d}y \tag{2.61}$$

Cette définition est généralisable à un plus grand nombre de variables.

2.6 Intégrales à une variable

2.6.1 Définition

On définit l'intégrale d'une fonction $f(x)$ sur l'intervalle $[a, b]$ par l'aire (algébrique) A délimitée par les segments $x = a$, $x = b$, l'axe des abscisses et la courbe $f(x)$ (voir figure 2.5).

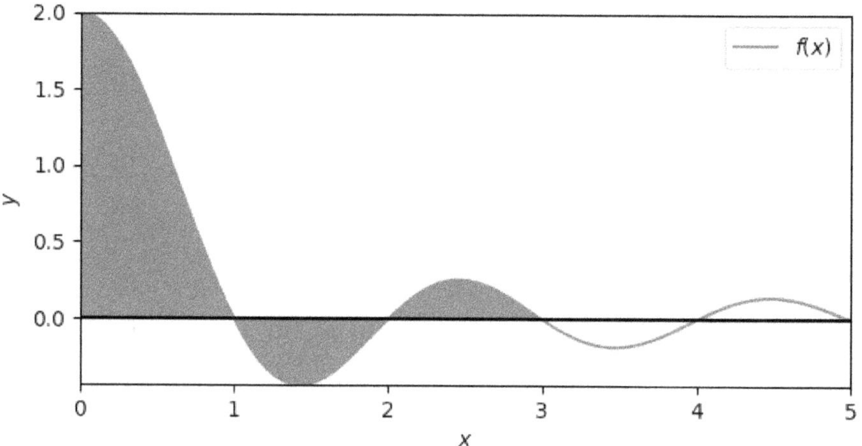

FIGURE 2.5 – Représentation de l'aire A en gris égale à l'intégrale de la fonction $f(x)$ entre $a = 0$ et $b = 3$ dans le repère xOy.

L'aire A est algébrique : c'est-à-dire qu'au dessus de l'axe des abscisses $A > 0$ et $A < 0$ en dessous de l'axe. Mathématiquement, on définit l'intégrale de $f(x)$ entre $x = a$ et $x = b$ par l'expression :

$$\int_{a}^{b} f(x)\,\mathrm{d}x = A \tag{2.62}$$

Grossièrement parlant, une fonction est dite intégrable sur un intervalle, si elle est continue dans cet intervalle.

2.6.2 Théorème de Riemann

On considère une fonction $f(x)$ intégrable sur $[a, b]$. Le Théorème de Riemann nous permet d'expliciter le calcul d'une intégrale (sans passer par le calcul géométrique de l'aire sous la courbe) :

$$\int_a^b f(x)\,\mathrm{d}x = [F(x)]_a^b = F(b) - F(a) \tag{2.63}$$

avec $F(x)$ une primitive de $f(x)$ définie à une constante près par :

$$\frac{\mathrm{d}F(x)}{\mathrm{d}x} = f(x) \tag{2.64}$$

On adopte la notation pour définir une primitive de $f(x)$:

$$F(x) = \int f(x)\,\mathrm{d}x \tag{2.65}$$

Trouver une primitive d'une fonction est donc l'opération inverse de sa dérivation.

Exemple

Si l'on prend la fonction $f(x) = 3$ alors :

$$F(x) = 3x \tag{2.66}$$

est une primitive de f car :

$$\frac{\mathrm{d}}{\mathrm{d}x}F(x) = 3 = f(x) \tag{2.67}$$

2.6.3 Séparabilité de l'intégrale

Si l'on choisit un nombre c tel que $a < c < b$, alors on peut écrire :

$$\int_a^b f(x)\,\mathrm{d}x = \int_a^c f(x)\,\mathrm{d}x + \int_c^b f(x)\,\mathrm{d}x \tag{2.68}$$

2.6.4 Linéarité de l'intégrale

Comme la dérivation, l'opération d'intégrale est linéaire. Pour deux fonctions intégrables $f(x)$ et $g(x)$ et deux nombres λ et μ on a :

$$\int_a^b (\lambda f(x) + \mu g(x))\, \mathrm{d}x = \lambda \int_a^b f(x)\, \mathrm{d}x + \mu \int_a^b g(x)\, \mathrm{d}x \qquad (2.69)$$

2.6.5 Intégrales de fonctions usuelles

On donne maintenant sur le tableau 2.3 des primitives de fonctions usuelles (pour les fonctions compliquées, il existe des calculateurs de primitives sur logiciel ou sur internet).

$f(x)$	Primitive $F(x) = \int f(x)\, \mathrm{d}x$
x^a, $a \neq -1$	$\frac{1}{a+1} x^{a+1}$
x^{-1}	$\ln x$
e^x	e^x
$\ln x$	$x(\ln x - 1)$
$\cos x$	$\sin x$
$\sin x$	$-\cos x$
$\frac{1}{x^2+1}$	$\arctan x$

TABLE 2.3 – Primitives de fonctions usuelles

La plupart des calculs analytiques d'intégrales de fonctions composées utilisent la méthode d'intégration par parties et/ou celle du changement de variable.

2.6.6 Méthode d'intégration par parties

Soit l'intégrale suivante :

$$I = \int_a^b \mathrm{d}x\, f(x) \qquad (2.70)$$

On peut tenter de calculer l'intégrale en écrivant f comme le produit de deux fonctions u et v' (dérivée d'une fonction v connue) :

$$f(x) = u(x)v'(x) \qquad (2.71)$$

que l'on remplace dans I pour obtenir :

$$I = \int_a^b \mathrm{d}x\, u(x)v'(x) \tag{2.72}$$

or d'après la règle de dérivation du produit de deux fonctions on a :

$$(uv)' = uv' + u'v \tag{2.73}$$

On réécrit alors I :

$$I = \int_a^b \mathrm{d}x\, [(uv)' - u'v] = \int_a^b \mathrm{d}x\, \frac{\mathrm{d}}{\mathrm{d}x}(uv) - \int_a^b \mathrm{d}x\, u'v \tag{2.74}$$

soit :

$$I = [u(x)v(x)]_a^b - \int_a^b \mathrm{d}x\, u'v \tag{2.75}$$

Exemple

Si l'on veut intégrer $I_1 = \int_0^\pi \mathrm{d}x\, x\cos(x)$, on peut procéder à une intégration par parties en posant $u = x$ et $v' = \cos x$. On intègre directement $v = \sin x$ pour appliquer la formule 2.75 (où $u' = 1$) :

$$I_1 = \int_0^\pi \mathrm{d}x\, x\cos(x) = [x\sin(x)]_0^\pi - \int_0^\pi \mathrm{d}x\, \sin(x) = 0 + [\cos(x)]_0^\pi = -2 \tag{2.76}$$

2.7 Intégrales à plusieurs variables

Une intégrale à plusieurs variables peut subvenir en physique notamment lorsqu'on calcule des quantités telles que des flux (débit d'un fluide, flux d'un champ magnétique sur une bobine etc) ou même le simple calcul de surfaces.

2.7.1 Fonction à deux variables réelles

Soit une fonction $f(x, y)$ que l'on veut intégrer pour les intervalles de x et y suivants :

$$a \leq x \leq b \tag{2.77}$$

$$c \leq y \leq d \tag{2.78}$$

L'intégrale I de f sur x et y s'écrit alors :

$$I = \int_a^b \mathrm{d}x \int_c^d \mathrm{d}y\, f(x, y) \tag{2.79}$$

Théorème de Fubini

Le théorème de Fubini permet d'affirmer que :

$$\int_a^b \mathrm{d}x \int_c^d \mathrm{d}y\, f(x, y) = \int_c^d \mathrm{d}y \int_a^b \mathrm{d}x\, f(x, y) \tag{2.80}$$

L'ordre d'intégration n'a donc pas d'importance. Le calcul d'une intégrale double consiste à intégrer selon x (ou y) en premier puis d'intégrer selon y (ou x).

Exemple

Si l'on prend la fonction g que l'on intègre dans $[0, 1] \times [0, 1]$:

$$g(x, y) = x^2 y \tag{2.81}$$

on a :

$$\int\limits_0^1 \mathrm{d}x \int\limits_0^1 \mathrm{d}y \, (x^2 y) = \int\limits_0^1 x^2 \, \mathrm{d}x \int\limits_0^1 y \, \mathrm{d}y = \frac{1}{3} \times \frac{1}{2} = \frac{1}{6} \tag{2.82}$$

$$\int\limits_0^1 \mathrm{d}y \int\limits_0^1 \mathrm{d}x \, (x^2 y) = \int\limits_0^1 y \, \mathrm{d}y \int\limits_0^1 x^2 \, \mathrm{d}x = \frac{1}{2} \times \frac{1}{3} = \frac{1}{6} \tag{2.83}$$

2.7.2 Fonction à plus de deux variables réelles

Le théorème de Fubini et la méthode d'intégration se généralisent pour plus de deux variables, nous étudierons les intégrales à trois variables via des exemples de calculs de volumes.

2.8 Développement de Taylor

2.8.1 Introduction

Certaines fonctions $f(x)$ peuvent s'écrire sous la forme d'une série, c'est à dire d'une somme de termes d'une suite de fonctions $g_k(x)$:

$$f(x) = \sum_{k=0}^{N} g_k(x) \tag{2.84}$$

Lorsque $N \to +\infty$, on parle de série entière. Les fonctions $g_k(x)$ peuvent être n'importe quel type de fonction comme x^k (fonction puissance), $\cos(kx)$ (fonction cosinus) etc.

2.8.2 Série de Taylor

Lorsqu'une fonction de x prend une forme compliquée et que l'on voudrait l'étudier sur une plage limitée de x, on peut utiliser ce que l'on appelle un développement limité de Taylor, qui est une approximation polynomiale de la fonction considérée.

Soit une fonction de x notée $f(x)$ et infiniment dérivable au point $x = a$. Cette fonction admet alors un développement en série de Taylor et peut s'écrire sous la forme d'un polynôme de degré infini :

$$f(x) = \sum_{n=0}^{+\infty} f^{(n)}(a) \frac{(x-a)^n}{n!} \tag{2.85}$$

où $0! = 1$, avec :

$$f^{(n)}(x) = \frac{\mathrm{d}^n}{\mathrm{d}x^n} f(x) \tag{2.86}$$

et le cas particulier $f^{(0)}(x) = f(x)$. En pratique, lorsque x est très proche de a, on peut tronquer le développement à l'ordre 2, 1, voir même 0 (dans ce cas on considère la fonction comme constante). Cet outil est très pratique et on l'utilise à tord et à travers en physique.

2.8.3 Série de Taylor pour $a = 0$

Pour $a = 0$ la formule de Taylor s'écrit simplement :

$$f(x) = \sum_{n=0}^{+\infty} f^{(n)}(0) \frac{x^n}{n!} \tag{2.87}$$

On appelle cette série : la série de Maclaurin.

Exemple

La fonction exponentielle $e^x \simeq 2,72^x$ peut s'écrire comme la série de Maclaurin suivante (on utilise la définition 2.87) :

$$e^x = \sum_{n=0}^{+\infty} \frac{x^n}{n!} \tag{2.88}$$

C'est avec cette formulation en série (tronquée jusqu'à la précision souhaitée) que les ordinateurs calculent les fonctions exponentielles, cosinus, sinus etc.

Exemple

Avec cette formule on peut aussi approximer pour $x \to 0$, en tronquant la série de Maclaurin à l'ordre 1 en n (on parle de "linéarisation" de la fonction), les fonctions suivantes (dans l'intérêt de les simplifier pour certains calculs) :

$$\ln(1+x) \simeq x \tag{2.89}$$
$$\exp(x) \simeq 1+x \tag{2.90}$$
$$(1+x)^p \simeq 1+px, \quad p \text{ réel} \tag{2.91}$$
$$\sin x \simeq x \tag{2.92}$$

2.9 Plan Euclidien

2.9.1 Plan xOy

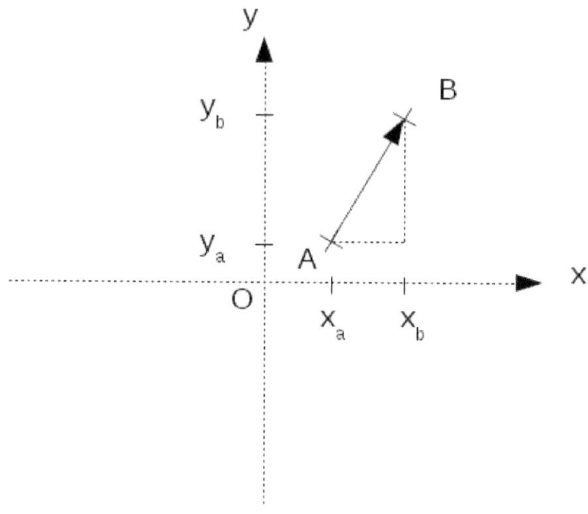

FIGURE 2.6 – Représentation des coordonnées des points A et B dans le plan xOy

À partir de deux points $A(x_a, y_a)$ et $B(x_b, y_b)$ placés sur le plan xOy, illustrés sur la figure 2.6, on peut définir un vecteur $\boldsymbol{AB}$ muni de deux composantes par les coordonnées des deux points. On peut noter le vecteur sous forme de colonne dans la base cartésienne deux dimensions :

$$\boldsymbol{AB} = \begin{bmatrix} x_b - x_a \\ y_b - y_a \end{bmatrix}_{x,y} \tag{2.93}$$

ainsi qu'en notation ligne grâce aux vecteurs de bases notés $\boldsymbol{e_x}$ et $\boldsymbol{e_y}$:

$$\boldsymbol{AB} = (x_b - x_a)\boldsymbol{e_x} + (y_b - y_a)\boldsymbol{e_y} \tag{2.94}$$

La distance d_{AB} entre le point A et le point B est donnée par le théorème de Pythagore :

$$d_{AB} = \|\boldsymbol{AB}\| = \sqrt{(x_b - x_a)^2 + (y_b - y_a)^2} \tag{2.95}$$

Plus généralement on note deux vecteurs, $\boldsymbol{u}$ (voir sa décomposition sur la figure 2.7) et $\boldsymbol{v}$, dans la base $(\boldsymbol{e_x}, \boldsymbol{e_y})$ par leurs composantes :

$$u = u_x e_x + u_y e_y \tag{2.96}$$

$$v = v_x e_x + v_y e_y \tag{2.97}$$

où e_x et e_y s'écrivent avec la notation colonne :

$$e_x = \begin{bmatrix} 1 \\ 0 \end{bmatrix}_{x,y} \tag{2.98}$$

$$e_y = \begin{bmatrix} 0 \\ 1 \end{bmatrix}_{x,y} \tag{2.99}$$

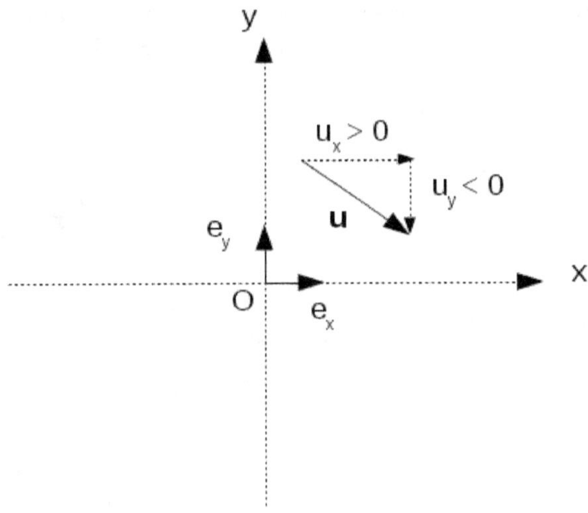

FIGURE 2.7 – Représentation du vecteur u dans le plan xOy

On définit leur produit scalaire (Euclidien) par :

$$u.v = v.u = u_x v_x + u_y v_y \tag{2.100}$$

et leur norme (ou "longueur") par :

$$\|u\| = \sqrt{u.u} = \sqrt{u_x^2 + u_y^2} \tag{2.101}$$

$$\|v\| = \sqrt{v.v} = \sqrt{v_x^2 + v_y^2} \tag{2.102}$$

On définit également le déterminant de deux vecteurs du plan $\boldsymbol{u}$ et $\boldsymbol{v}$ par :

$$\mathrm{Det}(\boldsymbol{u}, \boldsymbol{v}) = -\mathrm{Det}(\boldsymbol{v}, \boldsymbol{u}) = u_x v_y - u_y v_x \qquad (2.103)$$

L'angle θ formé entre les deux vecteurs $\boldsymbol{u}$ et $\boldsymbol{v}$ est défini via leur produit scalaire et leur déterminant :

$$\boldsymbol{u}.\boldsymbol{v} = \|\boldsymbol{u}\|\|\boldsymbol{v}\| \cos\theta \qquad (2.104)$$

$$\mathrm{Det}(\boldsymbol{u}, \boldsymbol{v}) = \|\boldsymbol{u}\|\|\boldsymbol{v}\| \sin\theta \qquad (2.105)$$

On illustre $\boldsymbol{u}$, $\boldsymbol{v}$ et l'angle θ sur la figure 2.8.

Remarque

On remarque avec ces formules que le produit scalaire de deux vecteurs du plan est nul si ils sont perpendiculaires ($\theta = \pm\pi/2$) et que leur déterminant est nul si ils sont parallèles ($\theta = \{0, \pi\}$).

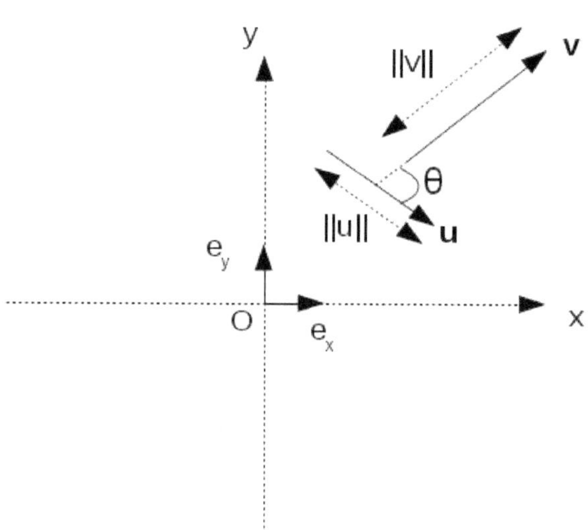

FIGURE 2.8 – Représentation des vecteurs $\boldsymbol{u}$ et $\boldsymbol{v}$ dans le plan xOy

2.9.2 Équations et paramétrisations de quelques courbes

On liste ici brièvement des équations cartésiennes (en fonction de x et y) de courbes usuelles : celle de la droite et des coniques (que l'on retrouve en astronomie, électromagnétisme, optique géométrique etc), dans le plan xOy.

Droite

On définit une droite de pente $-a$ et d'ordonnée à l'origine $-b$ par l'équation cartésienne :

$$y + ax + b = 0 \tag{2.106}$$

On note que lorsque $a = 0$ la droite est horizontale (une droite verticale se définit par l'équation $x = c$).

Parabole

Une parabole de foyer f, centrée en $(0,0)$, est définie par :

$$y - \frac{x^2}{4f} = 0 \tag{2.107}$$

Cercle

Le cercle centré en $(0,0)$ et de rayon R s'écrit :

$$x^2 + y^2 = R^2 \tag{2.108}$$

Remarque

Pour tracer un cercle avec un logiciel de calcul numérique, on utilise une paramétrisation (définition d'un paramètre lié à x et y). Le plus souvent on définit un angle φ (avec $\varphi = \{0, ..., 2\pi\}$). C'est la paramétrisation polaire, telle que :

$$x = R\cos\varphi \tag{2.109}$$
$$y = R\sin\varphi \tag{2.110}$$

On peut vérifier que l'équation 2.108 est bien respectée. On peut ainsi tracer la liste de points (x, y) obtenue, formant un cercle (voir figure 2.9).

Ellipse

Une ellipse centrée en $(0,0)$, de demi-grand (petit) axe R_x (R_y) s'écrit :

$$\left(\frac{x}{R_x}\right)^2 + \left(\frac{y}{R_y}\right)^2 = 1 \tag{2.111}$$

Remarque

Une paramétrisation simple de l'ellipse se fait avec le même angle φ que pour le cercle. On écrit x et y :

$$x = R_x \cos \varphi \tag{2.112}$$
$$y = R_y \sin \varphi \tag{2.113}$$

On représente ces différentes courbes, avec les mêmes notations de paramètres, sur la figure 2.9.

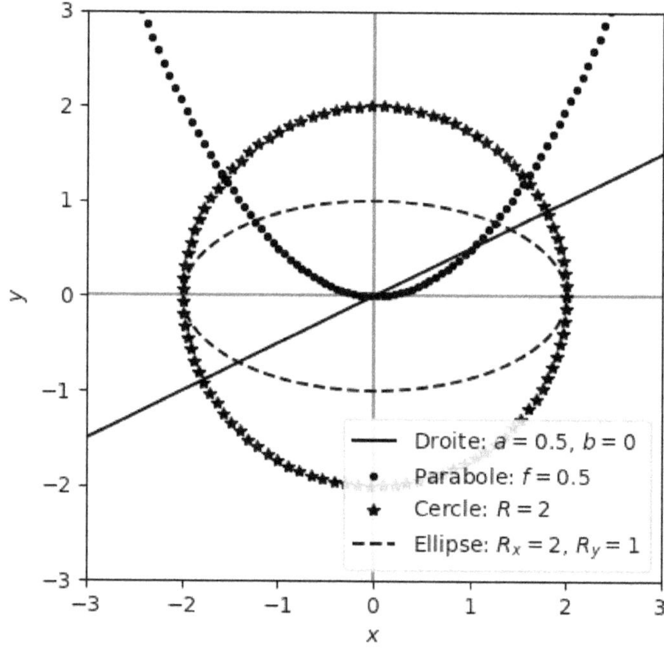

FIGURE 2.9 – Représentation de différentes courbes dans le plan xOy

Translation d'une courbe dans le plan xOy

Un cercle, une ellipse ou même une droite peuvent être translatés dans une direction, que l'on note $\boldsymbol{\rho_0} = x_0 \boldsymbol{e_x} + y_0 \boldsymbol{e_y}$, par la simple substitution :

$$x \rightarrow x - x_0 \tag{2.114}$$

$$y \rightarrow y - y_0 \tag{2.115}$$

Ainsi on peut tracer, par exemple, des cercles excentrés comme sur la figure 2.10 décrits par l'équation :

$$(x - x_0)^2 + (y - y_0)^2 = R^2 \tag{2.116}$$

avec le paramétrage $x = x_0 + R\cos\varphi$ et $y = y_0 + R\sin\varphi$. Il est très important de maîtriser la manipulation de figures géométriques, il s'agit d'un point clé en optique par exemple (où l'on travaille avec des portions de coniques).

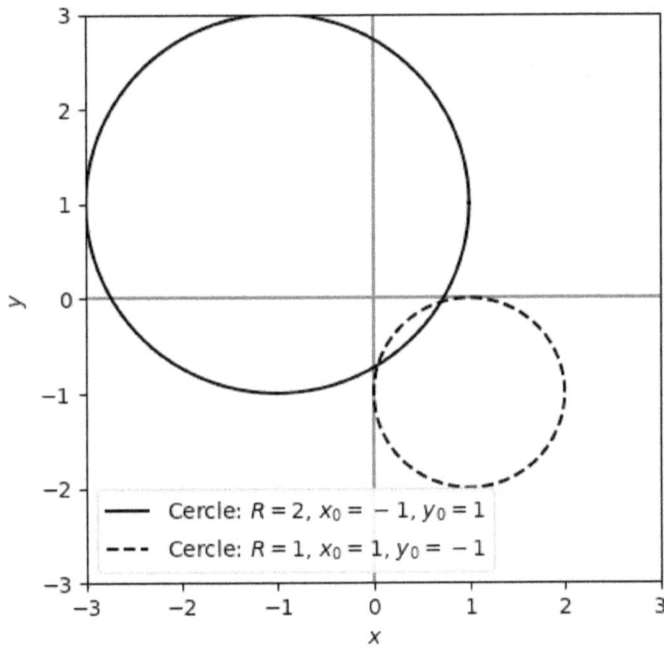

FIGURE 2.10 – Représentation de deux cercles translatés de (x_0, y_0), dans le plan xOy

2.9.3 Rotations de coordonnées dans le plan xOy

On peut parfois avoir recourt à des rotations de coordonnées. Pour une rotation d'angle α dans le sens trigonométrique dans le plan xOy, on obtient deux nouvelles coordonnées x' et y' définies par :

$$x' = x \cos \alpha - y \sin \alpha \tag{2.117}$$

$$y' = x \sin \alpha + y \cos \alpha \tag{2.118}$$

On peut ainsi représenter, par exemple, avec cette méthode l'équation d'une ellipse tournée de $\alpha = 30°$ ($\pi/6$ rad) et centrée à l'origine :

$$\left(\frac{x'}{R_x}\right)^2 + \left(\frac{y'}{R_y}\right)^2 = \left(\frac{x \cos \alpha - y \sin \alpha}{R_x}\right)^2 + \left(\frac{x \sin \alpha + y \cos \alpha}{R_y}\right)^2 = 1 \tag{2.119}$$

Remarque

Pour réaliser un paramétrage d'une ellipse tournée de α, on applique à (x, y) la transformation ($\varphi = \{0, ..., 2\pi\}$) :

$$x = R_x \cos \varphi \tag{2.120}$$

$$y = R_y \sin \varphi \tag{2.121}$$

On a alors :

$$x' = \cos \alpha R_x \cos \varphi - \sin \alpha R_y \sin \varphi \tag{2.122}$$

$$y' = \sin \alpha R_x \cos \varphi + \cos \alpha R_y \sin \varphi \tag{2.123}$$

On représente deux ellipses, c'est-à-dire les séries de points (x, y) et (x', y'), dont l'une est tournée de 30°, sur la figure 2.11.

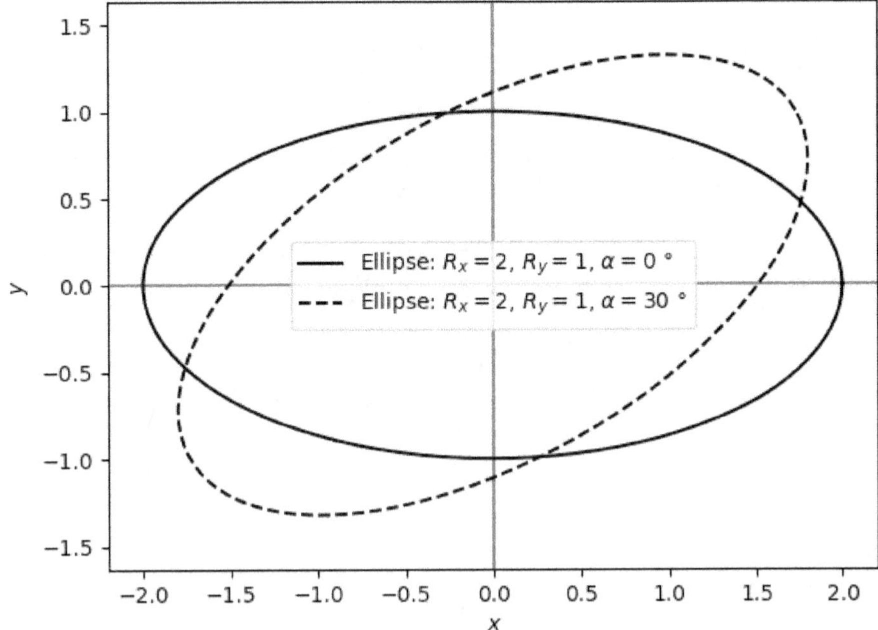

FIGURE 2.11 – Représentation de deux ellipses, centrées à l'origine, de mêmes demi-axes mais dont celle en pointillés est tournée de $+30°$ dans le plan xOy

2.10 Nombres complexes

2.10.1 Définition

Un bref rappel des propriétés fondamentales des nombres complexes peut être utile au lecteur lors des calculs de filtres en électronique par exemple. Un nombre complexe z s'écrit à partir de deux nombres réels a et b :

$$z = a + ib \tag{2.124}$$

avec a et b les parties réelles et imaginaires de z, respectivement, que l'on note :

$$a = \mathrm{Re}(z) \tag{2.125}$$
$$b = \mathrm{Im}(z) \tag{2.126}$$

et i le nombre imaginaire, défini par :

$$i^2 = -1 \tag{2.127}$$

Le conjugué de z, noté $\overline{z}$, se définit par :

$$\overline{z} = a - ib \tag{2.128}$$

Le module de z (analogue à une norme dans un repère deux dimensions cartésien) s'écrit :

$$|z| = \sqrt{a^2 + b^2} \tag{2.129}$$

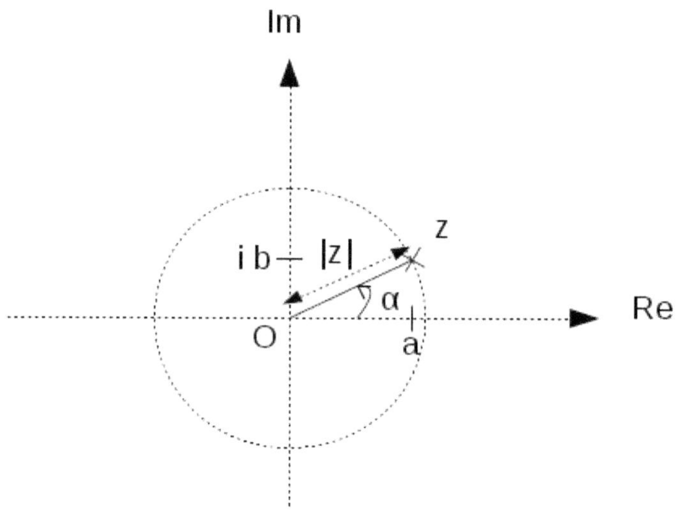

FIGURE 2.12 – Représentation d'un nombre z dans le plan complexe avec son argument (ou angle) α et sa norme $|z|$

2.10.2 Quelques propriétés importantes

On présente ici des propriétés à connaître lorsqu'on effectue des lignes de calculs :

— Module au carré : $z\overline{z} = |z|^2$

— Conjugué du produit : $\overline{z_1 z_2} = \overline{z_1}\,\overline{z_2}$

— Formule d'Euler : $e^{i\alpha} = \cos\alpha + i\sin\alpha$

— Forme trigonométrique dans le plan complexe (figure 2.12) : $z = |z|e^{i\alpha}$, avec $\cos\alpha = \frac{a}{|z|}$ et $\sin\alpha = \frac{b}{|z|}$ (formule d'Euler)

2.11 Polynômes

2.11.1 Définition

Le but ici est de donner des définitions et des techniques calculatoires concernant les polynômes, abondamment rencontrés en physique.

Les polynômes en mathématiques sont les fonctions de la variable x (réelle ou complexe) du type :

$$P(x) = a_0 + a_1 x + a_2 x^2 + ... + a_n x^n = \sum_{k=0}^{n} a_k x^k \qquad (2.130)$$

avec a_k des coefficients réels ou complexes. On dit que le polynôme P est de degré n, il s'agit de la plus grande puissance de x parmi ces termes.

2.11.2 Racines d'un polynôme

On note r la racine d'un polynôme $P(x)$ telle que :

$$P(r) = 0 \qquad (2.131)$$

Si :

$$P(r) = P'(r) = P''(r) = ... = P^{(l)}(r) = 0 \qquad (2.132)$$

alors r est une racine de multiplicité l de P : r annule P et ses dérivées successives jusqu'à la dérivée $l^{\text{ème}}$.

Si z est une racine complexe de P alors :

$$P(\overline{z}) = P(z) = 0 \qquad (2.133)$$

2.11.3 Factorisation de polynôme

Le polynôme P de l'équation 2.130 peut s'écrire sous la forme du produit de ses racines :

$$P(x) = \prod_{k=1}^{m} (x - r_k)^{l_k} \qquad (2.134)$$

avec l_k la multiplicité de la racine r_k et m le nombre de racines différentes du polynôme.

Exemple

Soit le polynôme de degré 4 suivant :

$$Q(x) = (x - 5)^3(x - 2) \tag{2.135}$$

Ce polynôme a donc deux racines ($m = 2$) : 2 (racine simple, $l_1 = 1$) et 5 (racine triple, $l_5 = 3$).

2.11.4 Résolution de P(x) = 0

Il existe des solutions analytiques pour les premiers degrés des polynômes, au delà du degré 2 nous utilisons la plupart du temps des résolutions numériques plutôt qu'analytiques pour déterminer les racines.

Premier degré

L'équation du type :

$$ax + b = 0 \tag{2.136}$$

se résout immédiatement par :

$$x = -\frac{b}{a} \tag{2.137}$$

Second degré

On appelle équation du second degré, une équation de la forme :

$$ax^2 + bx + c = 0 \tag{2.138}$$

On la résout par la méthode du discriminant :

$$x = \frac{-b \pm \sqrt{\Delta}}{2a} \tag{2.139}$$

avec :

$$\Delta = b^2 - 4ac \tag{2.140}$$

On rappelle, pour les calculs de racines complexes, que $\sqrt{-1} = i$ et que pour un nombre complexe $z = |z|e^{i\theta}$:

$$\sqrt{z} = z^{\frac{1}{2}} = |z|^{\frac{1}{2}} e^{i\theta/2} \tag{2.141}$$

Troisième degré et plus

Les équations polynomiales de degré trois et quatre sont solvables analytiquement par les méthodes de Cardan et de Ferrari. En général il est préférable d'utiliser des méthodes numériques, qui évitent les erreurs lors de l'implémentation des méthodes citées auparavant.

Chapitre 3

Fondamentaux 2/3

3.1   Espace Euclidien

3.1.1   Espace $Oxyz$

Pour passer du plan Euclidien à l'espace Euclidien, on ajoute simplement une dimension de "profondeur", notée z. On illustre la position d'un point A de coordonnées (x_a, y_a, z_a) dans le repère $Oxyz$ sur la figure 3.1.

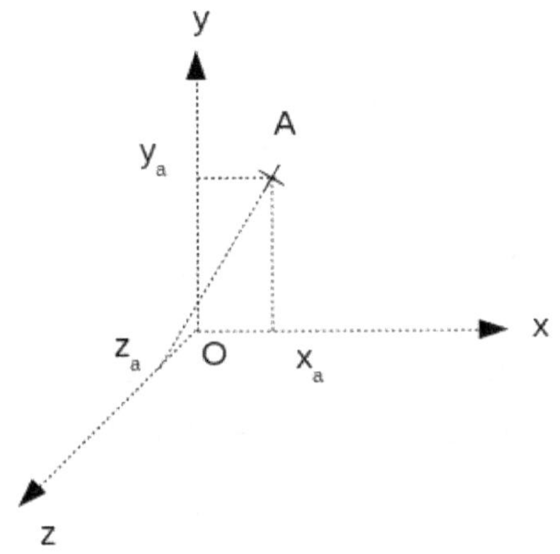

FIGURE 3.1 – Représentation d'un point $A(x_a, y_a, z_a)$ dans le repère $Oxyz$.

Remarque

L'ordre des axes x, y et z sur un repère orthonormé est défini préférentiellement en utilisant la "règle de la main droite". Sur notre main droite : le pouce représente l'axe x, l'index y et le majeur, orienté perpendiculairement à la paume, z.

On définit, comme dans le cas du plan, un vecteur $\boldsymbol{AB}$ à partir des deux points $A(x_a, y_a, z_a)$ et $B(x_b, y_b, z_b)$ dans le repère cartésien $Oxyz$ par :

$$\boldsymbol{AB} = \begin{pmatrix} x_b - x_a \\ y_b - y_a \\ z_b - z_a \end{pmatrix}_{x,y,z} \tag{3.1}$$

et à partir des vecteurs de base :

$$\boldsymbol{AB} = (x_b - x_a)\boldsymbol{e_x} + (y_b - y_a)\boldsymbol{e_y} + (z_b - z_a)\boldsymbol{e_z} \tag{3.2}$$

avec la notation vecteur colonne :

$$\boldsymbol{e_x} = \begin{pmatrix} 1 \\ 0 \\ 0 \end{pmatrix}_{x,y,z} \tag{3.3}$$

$$\boldsymbol{e_y} = \begin{pmatrix} 0 \\ 1 \\ 0 \end{pmatrix}_{x,y,z} \tag{3.4}$$

$$\boldsymbol{e_z} = \begin{pmatrix} 0 \\ 0 \\ 1 \end{pmatrix}_{x,y,z} \tag{3.5}$$

où le point origine O et les vecteurs $(\boldsymbol{e_x}, \boldsymbol{e_y}, \boldsymbol{e_z})$ forment un repère orthonormé. La distance d_{AB} entre A et B est donnée par sa norme en 3 dimensions :

$$d_{AB} = \|\boldsymbol{AB}\| = \sqrt{(x_b - x_a)^2 + (y_b - y_a)^2 + (z_b - z_a)^2} \tag{3.6}$$

Pour deux vecteurs $\boldsymbol{u}$ et $\boldsymbol{v}$, on écrit leur décomposition dans la base $(\boldsymbol{e_x}, \boldsymbol{e_y}, \boldsymbol{e_z})$:

$$\boldsymbol{u} = u_x \boldsymbol{e_x} + u_y \boldsymbol{e_y} + u_z \boldsymbol{e_z} \tag{3.7}$$

$$\boldsymbol{v} = v_x \boldsymbol{e_x} + v_y \boldsymbol{e_y} + v_z \boldsymbol{e_z} \tag{3.8}$$

et leur produit scalaire s'écrit :

$$\boldsymbol{u}.\boldsymbol{v} = u_x v_x + u_y v_y + u_z v_z \tag{3.9}$$

En physique, on utilise aussi beaucoup le produit vectoriel . Dans l'espace Euclidien de trois dimensions, son expression dans la base $(\boldsymbol{e_x}, \boldsymbol{e_y}, \boldsymbol{e_z})$ est :

$$\boldsymbol{u} \wedge \boldsymbol{v} = (u_y v_z - u_z v_y)\boldsymbol{e_x} + (u_z v_x - u_x v_z)\boldsymbol{e_y} + (u_x v_y - u_y v_x)\boldsymbol{e_z} \qquad (3.10)$$

que l'on calcule généralement grâce à la représentation en vecteur colonne qui est plus simple à retenir que la formule ci-dessus.

Remarque

À partir des définitions, on peut montrer que le produit scalaire de deux vecteurs perpendiculaires est nul et le produit vectoriel de deux vecteurs parallèles est nul.

3.1.2 Équations cartésiennes de quelques surfaces

On donne aux lecteurs quelques équations de surfaces souvent rencontrées en physique afin de se familiariser avec leurs expressions.

Plan

Plan de vecteur directeur (vecteur perpendiculaire au plan) $\boldsymbol{a} = a_x \boldsymbol{e_x} + a_y \boldsymbol{e_y} + a_z \boldsymbol{e_z}$ et d'ordonnée à l'origine b :

$$a_x x + a_y y + a_z z + b = 0 \qquad (3.11)$$

Sphère

Sphère centrée en $(0, 0, 0)$ et de rayon R :

$$x^2 + y^2 + z^2 = R^2 \qquad (3.12)$$

Ellipsoïde

Ellipsoïde de demi-axes R_x, R_y et R_z centré en $(0, 0, 0)$ (voir figure 3.2) :

$$\left(\frac{x}{R_x}\right)^2 + \left(\frac{y}{R_y}\right)^2 + \left(\frac{z}{R_z}\right)^2 = 1 \qquad (3.13)$$

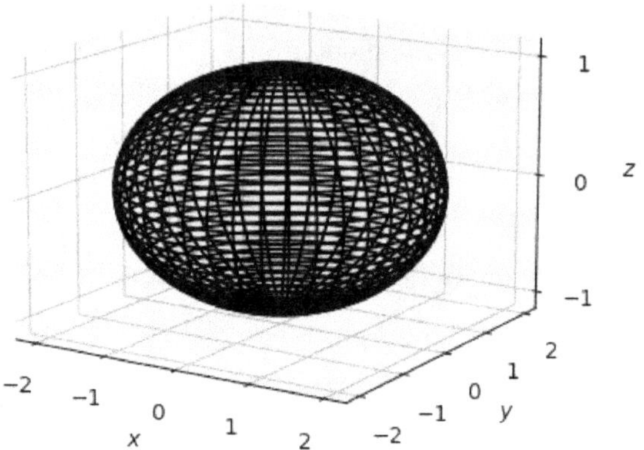

FIGURE 3.2 – Ellipsoïde de révolution centré à l'origine de demi-axes $R_x = R_y = 2$ et $R_z = 1$ dans le repère $Oxyz$.

Paraboloïde de révolution

Paraboloïde de révolution autour de l'axe Oz, de foyer f et centré en $(0, 0, 0)$ (voir figure 3.3)

$$z = \frac{x^2 + y^2}{4f} \tag{3.14}$$

Avant d'aborder les rotations de coordonnées dans l'espace $Oxyz$ il est important de voir l'outil incontournable des transformations linéaires : les matrices et le produit matriciel.

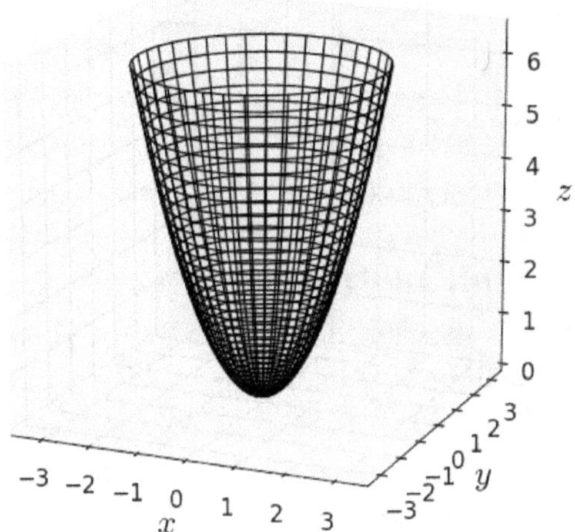

FIGURE 3.3 – Paraboloïde de révolution centré à l'origine de foyer $f = 4$ dans le repère $Oxyz$.

3.2 Matrices

Une matrice de taille (N, M) est un tableau de nombres composé de N lignes et M colonnes. On écrit une matrice $\widehat{A}$ avec ces composantes $A_{i,j}$ (où $i = \{1, N\}$ et $j = \{1, M\}$) sous la forme d'un tableau :

$$\widehat{A} = \begin{pmatrix} A_{1,1} & A_{1,2} & ... & A_{1,M} \\ A_{2,1} & A_{2,2} & ... & A_{2,M} \\ ... & ... & ... & ... \\ A_{N,1} & A_{N,2} & ... & A_{N,M} \end{pmatrix} \tag{3.15}$$

3.2.1 Transposée d'une matrice

On définit la transposée de la matrice $\widehat{A}$ de l'équation 3.15, noté $\widehat{A}^T$, par :

$$A_{i,j}^T = A_{j,i} \tag{3.16}$$

La matrice $\widehat{A}^T$ est donc de dimensions (M, N). En notation explicite cela donne :

$$\widehat{A}^T = \begin{pmatrix} A_{1,1} & A_{2,1} & ... & A_{M,1} \\ A_{1,2} & A_{2,2} & ... & A_{M,2} \\ ... & ... & ... & ... \\ A_{1,N} & A_{2,N} & ... & A_{M,N} \end{pmatrix} \tag{3.17}$$

Remarque

Lorsque $\widehat{A}^T = \widehat{A}$, on dit que $\widehat{A}$ est symétrique.

3.2.2 Produit matriciel

Le produit matriciel de deux matrices $\widehat{A}$ et $\widehat{B}$ de taille respective (N, M) et (M, P) est défini par la matrice $\widehat{C} = \widehat{A}\widehat{B}$ dont l'élément (i, j) s'écrit :

$$C_{i,j} = \sum_{k=1}^{M} A_{i,k} B_{k,j} \tag{3.18}$$

Par exemple, le produit matriciel de deux matrices $(2, 2)$ s'écrit :

$$\widehat{A}\widehat{B} = \begin{pmatrix} A_{1,1} & A_{1,2} \\ A_{2,1} & A_{2,2} \end{pmatrix} \begin{pmatrix} B_{1,1} & B_{1,2} \\ B_{2,1} & B_{2,2} \end{pmatrix} \tag{3.19}$$

soit :

$$\widehat{A}\widehat{B} = \begin{pmatrix} A_{1,1}B_{1,1} + A_{1,2}B_{2,1} & A_{1,1}B_{1,2} + A_{1,2}B_{2,2} \\ A_{2,1}B_{1,1} + A_{2,2}B_{2,1} & A_{2,1}B_{1,2} + A_{2,2}B_{2,2} \end{pmatrix} \tag{3.20}$$

Autre exemple, le produit matriciel entre une matrice $(2, 2)$ et un vecteur $\boldsymbol{x}$ de dimension 2 s'écrit :

$$\widehat{A}\boldsymbol{x} = \begin{pmatrix} A_{1,1} & A_{1,2} \\ A_{2,1} & A_{2,2} \end{pmatrix} \begin{pmatrix} x_1 \\ x_2 \end{pmatrix} = \begin{pmatrix} A_{1,1}x_1 + A_{1,2}x_2 \\ A_{2,1}x_1 + A_{2,2}x_2 \end{pmatrix} \tag{3.21}$$

Cas particulier : produit scalaire

Le produit scalaire entre le vecteur $\boldsymbol{u}$ et $\boldsymbol{v}$ s'écrit par le produit matriciel suivant :

$$\boldsymbol{u}.\boldsymbol{v} = \boldsymbol{u}^T \boldsymbol{v} = \begin{pmatrix} u_1 ... u_N \end{pmatrix} \begin{pmatrix} v_1 \\ ... \\ v_N \end{pmatrix} = \sum_{i=1}^{N} u_i v_i \tag{3.22}$$

Cas particulier : produit dyadique

Le produit matriciel entre le vecteur $\boldsymbol{u}$ et $\boldsymbol{v}^T$ est un produit dit "dyadique" (symbole $\otimes$) :

$$\boldsymbol{u} \otimes \boldsymbol{v} = \boldsymbol{u}\boldsymbol{v}^T = \begin{pmatrix} u_1 \\ ... \\ u_N \end{pmatrix} \begin{pmatrix} v_1 ... v_N \end{pmatrix} = \begin{pmatrix} u_1 v_1 & u_1 v_2 & ... & u_1 v_N \\ ... & ... & ... & ... \\ u_N v_1 & u_N v_2 & ... & u_N v_N \end{pmatrix} \tag{3.23}$$

La composante (i, j) est donnée par :

$$(\boldsymbol{u} \otimes \boldsymbol{v})_{i,j} = u_i v_j \tag{3.24}$$

En deux dimensions, par exemple, cela donne :

$$\boldsymbol{u} \otimes \boldsymbol{v} = \begin{bmatrix} u_x \\ u_y \end{bmatrix} [v_x, v_y] = \begin{bmatrix} u_x v_x & u_x v_y \\ u_y v_x & u_y v_y \end{bmatrix} \tag{3.25}$$

3.2.3   Matrice carrée

Une matrice carrée a le même nombre de lignes et de colonnes ($N = M$).

3.2.4   Trace d'une matrice

La trace d'une matrice carrée est la somme de ses éléments diagonaux, soit (pour une matrice carrée de taille N) :

$$\mathrm{tr}(\widehat{A}) = \sum_{i=1}^{N} A_{i,i} \tag{3.26}$$

3.2.5   Matrice identité

La matrice identité est une matrice carrée dont la diagonale est composée de 1 et tous les autres coefficients sont nuls. On note la matrice identité $\widehat{\mathbb{1}}$, définie par :

$$\widehat{\mathbb{1}} = \begin{pmatrix} 1 & 0 & ... & ... \\ 0 & 1 & 0 & ... \\ ... & ... & ... & ... \\ 0 & ... & ... & 1 \end{pmatrix} \tag{3.27}$$

Le nombre de lignes dépend de la dimension, en dimension 3 (espace xyz par exemple) cela donne :

$$\widehat{\mathbb{1}}_3 = \begin{pmatrix} 1 & 0 & 0 \\ 0 & 1 & 0 \\ 0 & 0 & 1 \end{pmatrix} \tag{3.28}$$

Sa propriété principale est la suivante pour une matrice carrée $\widehat{A}$ de dimension N :

$$\widehat{\mathbb{1}}_N \widehat{A} = \widehat{A}\widehat{\mathbb{1}}_N = \widehat{A} \tag{3.29}$$

et pour un vecteur $\boldsymbol{b}$ (de N lignes) :

$$\widehat{\mathbb{1}}_N \boldsymbol{b} = \boldsymbol{b} \tag{3.30}$$

On remarque ici que la sémantique importe dans la notation mathématique : la multiplication de la matrice $\widehat{A}$ ou du vecteur $\boldsymbol{b}$ par $\widehat{\mathbb{1}}$ ne change ni $\widehat{A}$ ni $\boldsymbol{b}$. Ils restent donc "identiques" après multiplication par la matrice identité.

3.2.6   Déterminant d'une matrice

Le déterminant d'une matrice carrée est un nombre (ou scalaire). Il est très utilisé dans la résolution de problèmes linéaires (N équations linéaires à N inconnues) mais sa définition générale à N dimensions n'est pas simple et n'a pas d'intérêt ici. Nous donnerons la définition du déterminant pour des matrices carrées de taille 2 et 3 cependant.

Deux dimensions

Soit une matrice $\widehat{A}$ définie par :

$$\widehat{A} = \begin{pmatrix} a & b \\ c & d \end{pmatrix} \tag{3.31}$$

Le déterminant de $\widehat{A}$, noté $\text{Det}(\widehat{A})$, vaut :

$$\text{Det}(\widehat{A}) = \begin{vmatrix} a & b \\ c & d \end{vmatrix} = ad - bc \tag{3.32}$$

Trois dimensions

Soit une matrice $\widehat{A}$ définie par :

$$\widehat{A} = \begin{pmatrix} a & b & c \\ d & e & f \\ g & h & i \end{pmatrix} \tag{3.33}$$

Le déterminant de $\widehat{A}$ vaut alors :

$$\mathrm{Det}(\widehat{A}) = \begin{vmatrix} a & b & c \\ d & e & f \\ g & h & i \end{vmatrix} = a \begin{vmatrix} e & f \\ h & i \end{vmatrix} - b \begin{vmatrix} d & f \\ g & i \end{vmatrix} + c \begin{vmatrix} d & e \\ g & h \end{vmatrix} \tag{3.34}$$

3.2.7 Inverse d'une matrice

L'inverse d'une matrice carrée $\widehat{A}$ existe si $\mathrm{Det}(\widehat{A}) \neq 0$. L'inverse de $\widehat{A}$, noté $\widehat{A}^{-1}$, est définie par :

$$\widehat{A}^{-1}\widehat{A} = \widehat{A}\widehat{A}^{-1} = \widehat{\mathbb{1}} \tag{3.35}$$

Intérêt du calcul de l'inverse d'une matrice

En physique, de nombreux systèmes à résoudre s'écrivent comme (le vecteur $\boldsymbol{x}$ est l'inconnu du système) :

$$\widehat{A}\boldsymbol{x} = \boldsymbol{b} \tag{3.36}$$

Où $\widehat{A}$ est une matrice de dimension (N, N), $\boldsymbol{x}$ et $\boldsymbol{b}$ deux vecteurs de dimension N (ou des matrices de dimension $(N, 1)$). Ainsi si l'on connaît $\widehat{A}^{-1}$ on résout facilement l'équation 3.36 par un produit matriciel :

$$\boldsymbol{x} = \widehat{A}^{-1}\boldsymbol{b} \tag{3.37}$$

Calcul de l'inverse en deux dimensions

En gardant la même notation que l'équation 3.31 :

$$\widehat{A}^{-1} = \frac{1}{\mathrm{Det}(\widehat{A})} \begin{pmatrix} d & -b \\ -c & a \end{pmatrix} \tag{3.38}$$

Calcul de l'inverse en trois dimensions et plus

Le calcul de l'inverse d'une matrice carrée de dimension supérieure à 2 est difficile et a donné lieu à de nombreuses méthodes de calculs sur le sujet. En général, les méthodes numériques sont privilégiées.

3.3 Rotations de coordonnées dans l'espace Euclidien

Dans cette partie, on explique comment appliquer des rotations à des vecteurs de l'espace Euclidien. Pour cela, on considère un vecteur de départ r et un vecteur r' ayant subit une rotation d'axe Ox, Oy ou Oz (la combinaison des trois permettant d'orienter le vecteur r dans n'importe quelle direction). On note la matrice de rotation, autour d'un axe porté par u d'un angle α, $\widehat{R}_u(\alpha)$. On a alors la relation matricielle entre r et r' :

$$r' = \widehat{R}_u(\alpha)r \tag{3.39}$$

On écrit cette matrice dans la base cartésienne pour chaque rotation autour des trois axes cartésiens : Ox, Oy et Oz.

$$\widehat{R}_{e_x}(\alpha) = \begin{pmatrix} 1 & 0 & 0 \\ 0 & \cos\alpha & -\sin\alpha \\ 0 & \sin\alpha & \cos\alpha \end{pmatrix} \tag{3.40}$$

$$\widehat{R}_{e_y}(\alpha) = \begin{pmatrix} \cos\alpha & 0 & \sin\alpha \\ 0 & 1 & 0 \\ -\sin\alpha & 0 & \cos\alpha \end{pmatrix} \tag{3.41}$$

$$\widehat{R}_{e_z}(\alpha) = \begin{pmatrix} \cos\alpha & -\sin\alpha & 0 \\ \sin\alpha & \cos\alpha & 0 \\ 0 & 0 & 1 \end{pmatrix} \tag{3.42}$$

Par exemple, si on un a un vecteur r :

$$r = \begin{pmatrix} x \\ y \\ z \end{pmatrix} \tag{3.43}$$

et que l'on veut calculer sa rotation autour de l'axe y d'un angle α, on obtient :

$$\widehat{R}_{e_y}(\alpha)r = \begin{pmatrix} \cos\alpha & 0 & \sin\alpha \\ 0 & 1 & 0 \\ -\sin\alpha & 0 & \cos\alpha \end{pmatrix} \begin{pmatrix} x \\ y \\ z \end{pmatrix} = \begin{pmatrix} x\cos\alpha + z\sin\alpha \\ y \\ -x\sin\alpha + z\cos\alpha \end{pmatrix} \tag{3.44}$$

Pour une rotation d'axe arbitraire u (vecteur normé : $\|u\| = 1$) et d'un angle α, on utilise la formule de rotation de Rodrigues :

$$\widehat{R}_u(\alpha) = \cos\alpha\,\widehat{\mathbb{1}} + (1 - \cos\alpha)\,u \otimes u + \sin\alpha\,u\wedge \tag{3.45}$$

où le produit vectoriel s'exprime en notation matricielle (avec les coordonnées cartésiennes) :

$$\boldsymbol{u}\wedge = \begin{pmatrix} 0 & -u_z & u_y \\ u_z & 0 & -u_x \\ -u_y & u_x & 0 \end{pmatrix} \qquad (3.46)$$

Remarques

$$\widehat{R}_{\boldsymbol{u}}(-\alpha) = \widehat{R}_{\boldsymbol{u}}(\alpha)^{-1} \qquad (3.47)$$

et :

$$\widehat{R}_{\boldsymbol{u}}(\alpha)^{-1} = \widehat{R}_{\boldsymbol{u}}(\alpha)^{T} \qquad (3.48)$$

Cette dernière propriété est l'orthogonalité de la matrice, les matrices de rotations sont dîtes "orthogonales" (car les lignes de chaque matrice forment un ensemble de vecteurs orthogonaux, de norme 1 et de produits scalaires nul).

3.4 Systèmes de coordonnées

La géométrie d'un problème en physique peut être modélisée par un repère adéquat. Par exemple les problèmes impliquant une géométrie plane sont traités par un repère cartésien. Mais des géométries différentes peuvent apparaître, comme la symétrie de révolution par exemple, et demandent alors l'utilisation d'autres repères. Nous connaissons les coordonnées cartésiennes en une, deux et trois dimensions. Il existe d'autres systèmes de coordonnées tridimensionnels, les deux plus connus étant les systèmes cylindrique et sphérique. Mais il existe d'autres coordonnées plus exotiques pour des problèmes bien précis (repère ellipsoïdal, toroïdal etc). Nous allons présenter ces différents systèmes de coordonnées.

3.4.1 Quelques définitions

Base orthonormée

Une base de dimension N (dans notre cas $N = 3$) est définie par un ensemble de N vecteurs non parallèles entre eux. Elle est dite orthogonale si le produit scalaire entre chaque vecteurs est nul (et sont ainsi "perpendiculaires" entre eux). Cette base est orthonormée si en plus de cela ses vecteurs sont de norme 1.

Exemple

Si l'on définit des vecteurs du plan e_1 et e_2 par :

$$e_1 = \frac{1}{\sqrt{2}} \begin{pmatrix} 1 \\ -1 \end{pmatrix} \tag{3.49}$$

$$e_2 = \frac{1}{\sqrt{2}} \begin{pmatrix} 1 \\ 1 \end{pmatrix} \tag{3.50}$$

On voit que :

$$e_1.e_2 = \frac{1}{2} - \frac{1}{2} = 0 \tag{3.51}$$

et que :

$$\|e_1\| = \|e_2\| = \sqrt{\left(\frac{1}{\sqrt{2}}\right)^2 + \left(\frac{1}{\sqrt{2}}\right)^2} = 1 \tag{3.52}$$

Donc l'ensemble (e_1, e_2) est une base orthonormée.

Propriétés de la base orthonormée

Soit la base orthonormée tridimensionnelle (e_1, e_2, e_3).

Le produit scalaire entre un vecteur e_i et un vecteur e_j $(i, j = \{1, 2, 3\})$ donne (démontrable avec l'équation 3.9) :

$$e_i.e_j = \delta_{i,j} \tag{3.53}$$

où $\delta_{i,j}$ est le symbole de Kronecker ($\delta_{i,j} = 1$ si $i = j$, 0 sinon).

Le produit vectoriel entre deux vecteurs e_i et e_j de la base donne (démontrable avec l'équation 3.10) :

$$e_i \wedge e_j = \epsilon_{i,j,k} e_k \tag{3.54}$$

avec $\epsilon_{i,j,k}$ le symbole de Levi-Civita défini par :

$$\epsilon_{1,2,3} = \epsilon_{2,3,1} = \epsilon_{3,1,2} = 1 \tag{3.55}$$
$$\epsilon_{3,2,1} = \epsilon_{2,1,3} = \epsilon_{1,3,2} = -1 \tag{3.56}$$
$$\epsilon_{i,j,k} = 0, \quad \text{sinon} \tag{3.57}$$

Exemple

Avec ces propriétés on veut calculer en ligne le produit scalaire et le produit vectoriel des vecteurs suivants, exprimés dans la base cartésienne :

$$u = e_x - 2e_y + e_z \tag{3.58}$$
$$v = -4e_x - e_z \tag{3.59}$$

On a alors ($e_x.e_z = e_y.e_x = e_y.e_z = 0$) :

$$u.v = -4e_x.e_x - e_z.e_z = -5 \tag{3.60}$$

et ($e_x \wedge e_x = e_z \wedge e_z = 0$) :

$$u \wedge v = (e_x - 2e_y + e_z) \wedge (-4e_x - e_z) = -e_x \wedge e_z + 8e_y \wedge e_x + 2e_y \wedge e_z - 4e_z \wedge e_x \tag{3.61}$$

soit :

$$u \wedge v = e_y - 8e_z + 2e_x - 4e_y = 2e_x - 3e_y - 8e_z \tag{3.62}$$

Repère orthonormé

Un repère orthonormé est une base orthonormée munie d'un point d'origine, que l'on note souvent O.

3.4.2 Base cartésienne (x, y, z)

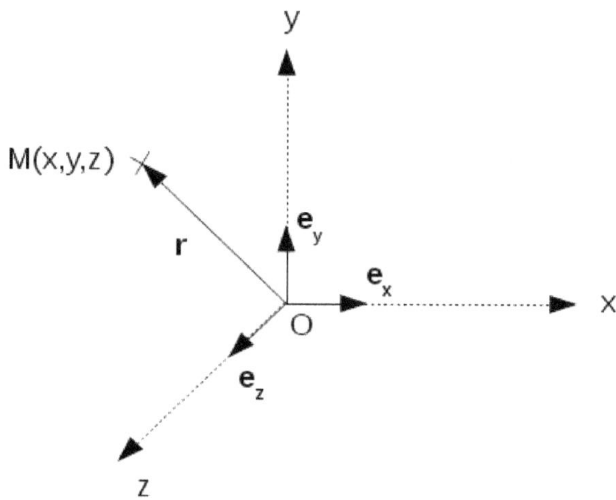

FIGURE 3.4 – Représentation du vecteur position r dans le repère cartésien $Oxyz$.

On définit un vecteur position $r = OM$ qui relie le point O vers le point M dans la base cartésienne (de coordonnées x, y, z) :

$$r = \begin{pmatrix} x \\ y \\ z \end{pmatrix}_{x,y,z} \tag{3.63}$$

L'indice "x, y, z" signifie qu'on écrit le vecteur dans la base cartésienne, lorsque aucun indice n'est précisé dans le reste du document, on admettra que l'on se place dans cette base. On définit les trois vecteurs de base cartésiens e_x, e_y et e_z par la définition associée à la dérivée partielle du vecteur position :

$$e_x = \frac{\frac{\partial}{\partial x}r}{\left\|\frac{\partial}{\partial x}r\right\|} = \begin{pmatrix} 1 \\ 0 \\ 0 \end{pmatrix}_{x,y,z} = \begin{pmatrix} 1 \\ 0 \\ 0 \end{pmatrix} \tag{3.64}$$

$$e_y = \frac{\frac{\partial}{\partial y}r}{\left\|\frac{\partial}{\partial y}r\right\|} = \begin{pmatrix} 0 \\ 1 \\ 0 \end{pmatrix}_{x,y,z} = \begin{pmatrix} 0 \\ 1 \\ 0 \end{pmatrix} \tag{3.65}$$

$$e_z = \frac{\frac{\partial}{\partial z}r}{\left\|\frac{\partial}{\partial z}r\right\|} = \begin{pmatrix} 0 \\ 0 \\ 1 \end{pmatrix}_{x,y,z} = \begin{pmatrix} 0 \\ 0 \\ 1 \end{pmatrix} \tag{3.66}$$

Ces vecteurs permettent d'écrire r de manière algébrique :

$$r = xe_x + ye_y + ze_z \tag{3.67}$$

On représente le vecteur position r sur la figure 3.4. Le repère cartésien constitué de son origine O, et des trois vecteurs e_x, e_y, e_z est considéré comme fixe. Le point O ne varie pas, ni les 3 vecteurs de base par rapport aux déplacements spatiaux et temporels. La géométrie cartésienne est intéressante pour des calculs analytiques de physique contenant des symétries planaires (modèle des ondes planes en électromagnétisme ou flexion d'une poutre en mécanique des structures par exemple). On utilise également les coordonnées cartésiennes pour la modélisation informatique (logiciels de mécanique etc).

Pour les calculs analytiques, nous sommes amenés à utiliser deux autres systèmes de coordonnées très pratiques : le repère sphérique et le repère cylindrique. Généralement le repère sphérique concerne des problèmes possédant une symétrie sphérique et le repère cylindrique modélise bien ceux de type axisymétrique (symétrie par rotation autour d'un axe).

3.4.3 Base cylindrique (ρ, φ, z)

On part du même vecteur position $r = OM$. On définit deux nouvelles coordonnées : le rayon du cylindre ρ et l'angle φ. Leur domaine de définition est pour chacune :

$$\rho \geq 0 \tag{3.68}$$

$$0 \leq \varphi < 2\pi \tag{3.69}$$

On représente le repère cylindrique sur la figure 3.5 : le point M peut se placer n'importe où dans l'espace par le jeu de coordonnées (ρ, φ, z). La coordonnée cartésienne z étant connue, on définit ρ et φ par :

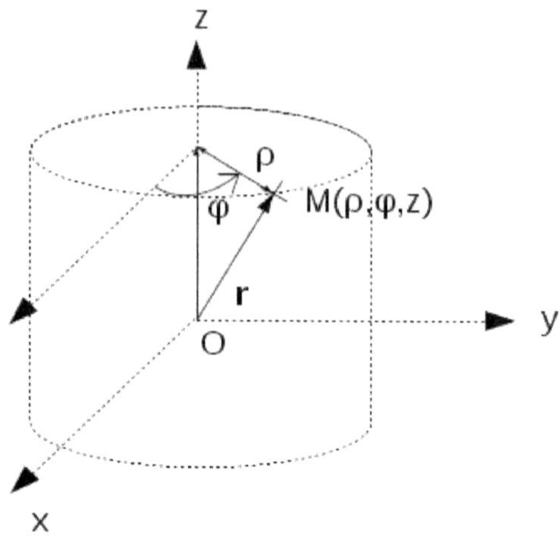

FIGURE 3.5 – Représentation du vecteur position r dans le repère cylindrique $O\rho\varphi z$.

$$x = \rho cos(\varphi) \tag{3.70}$$
$$y = \rho sin(\varphi) \tag{3.71}$$

soit pour le vecteur position :

$$r = \begin{pmatrix} \rho cos(\varphi) \\ \rho sin(\varphi) \\ z \end{pmatrix} \tag{3.72}$$

et les relations réciproques s'écrivent :

$$\rho = \sqrt{x^2 + y^2} \tag{3.73}$$

$$\varphi = \begin{cases} \arccos\left(\frac{x}{x^2+y^2}\right), & y \geq 0 \\ 2\pi - \arccos\left(\frac{x}{x^2+y^2}\right), & y < 0 \end{cases} \tag{3.74}$$

On calcule aisément les deux nouveaux vecteurs de base e_ρ et e_φ en utilisant la définition via la dérivée partielle :

$$e_\rho = \frac{\frac{\partial}{\partial\rho}r}{\left\|\frac{\partial}{\partial\rho}r\right\|} = \frac{1}{\sqrt{\left(\frac{\partial x}{\partial\rho}\right)^2 + \left(\frac{\partial y}{\partial\rho}\right)^2 + \left(\frac{\partial z}{\partial\rho}\right)^2}} \begin{pmatrix} \frac{\partial x}{\partial\rho} \\ \frac{\partial y}{\partial\rho} \\ \frac{\partial z}{\partial\rho} \end{pmatrix} = \begin{pmatrix} cos(\varphi) \\ sin(\varphi) \\ 0 \end{pmatrix} \quad (3.75)$$

$$e_\varphi = \frac{\frac{\partial}{\partial\varphi}r}{\left\|\frac{\partial}{\partial\varphi}r\right\|} = \frac{1}{\sqrt{\left(\frac{\partial x}{\partial\varphi}\right)^2 + \left(\frac{\partial y}{\partial\varphi}\right)^2 + \left(\frac{\partial z}{\partial\varphi}\right)^2}} \begin{pmatrix} \frac{\partial x}{\partial\varphi} \\ \frac{\partial y}{\partial\varphi} \\ \frac{\partial z}{\partial\varphi} \end{pmatrix} = \begin{pmatrix} -sin(\varphi) \\ cos(\varphi) \\ 0 \end{pmatrix} \quad (3.76)$$

Remarque

On peut parfois utiliser la notation du vecteur $\boldsymbol{\rho} = \rho e_\rho$ pour écrire $\boldsymbol{r}$:

$$r = \rho + z e_z \tag{3.77}$$

Passage cartésien-cylindrique

Soit le vecteur $\boldsymbol{F}$ exprimé en coordonnées cylindriques par :

$$\boldsymbol{F} = F_\rho e_\rho + F_\varphi e_\varphi + F_z e_z = \begin{pmatrix} F_\rho \\ F_\varphi \\ F_z \end{pmatrix}_{\rho,\varphi,z} \tag{3.78}$$

En coordonnées cartésiennes ce même vecteur s'écrit :

$$\boldsymbol{F} = F_x e_x + F_y e_y + F_z e_z = \begin{pmatrix} F_x \\ F_y \\ F_z \end{pmatrix}_{x,y,z} \tag{3.79}$$

Pour passer d'un système de coordonnées à un autre, il suffit d'exprimer e_ρ et e_φ en fonction de e_x et e_y (équations 3.75 et 3.76) :

$$F_x e_x + F_y e_y + F_z e_z = \left(F_\rho \cos\varphi - F_\varphi \sin\varphi\right) e_x + \left(F_\varphi \cos\varphi + F_\rho \sin\varphi\right) e_y + F_z e_z \tag{3.80}$$

On peut réécrire cette égalité sous forme matricielle :

$$\begin{pmatrix} F_x \\ F_y \\ F_z \end{pmatrix}_{x,y,z} = \widehat{R} \begin{pmatrix} F_\rho \\ F_\varphi \\ F_z \end{pmatrix}_{x,y,z} \tag{3.81}$$

avec :

$$\widehat{R} = \begin{pmatrix} \cos\varphi & -\sin\varphi & 0 \\ \sin\varphi & \cos\varphi & 0 \\ 0 & 0 & 1 \end{pmatrix} \tag{3.82}$$

La matrice $\widehat{R}$ étant orthogonale $(\widehat{R}^{-1} = \widehat{R}^T)$ on a la relation réciproque :

$$\begin{pmatrix} F_\rho \\ F_\varphi \\ F_z \end{pmatrix}_{x,y,z} = \widehat{R}^T \begin{pmatrix} F_x \\ F_y \\ F_z \end{pmatrix}_{x,y,z} \tag{3.83}$$

En deux dimensions : repère polaire

La base $(\boldsymbol{e}_\rho, \boldsymbol{e}_\varphi)$ dans le plan xOy est appelée repère polaire. Il s'agit du même repère que le cylindrique mais sans la hauteur (ou profondeur) z.

3.4.4 Base sphérique (r, θ, φ)

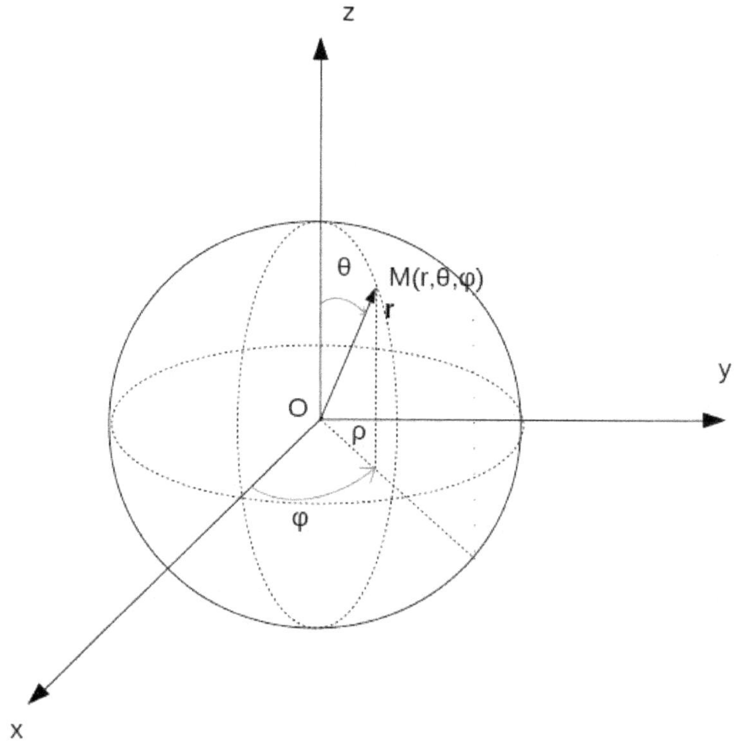

FIGURE 3.6 – Représentation du vecteur position $\boldsymbol{r}$ dans le repère sphérique $Or\theta\varphi$.

On définit aussi trois coordonnées pour exprimer le vecteur position r dans l'espace : sa norme r, l'angle longitudinal θ et l'angle azimutal φ (même angle que dans le repère cylindrique) : il s'agit du repère sphérique. On le représente sur la figure 3.6. Les domaines de définition respectifs de chaque coordonnées sont :

$$r \geq 0 \tag{3.84}$$
$$0 \leq \theta \leq \pi \tag{3.85}$$
$$0 \leq \varphi < 2\pi \tag{3.86}$$

qui sont définies par :

$$x = r\sin(\theta)\cos(\varphi) \tag{3.87}$$
$$y = r\sin(\theta)\sin(\varphi) \tag{3.88}$$
$$z = r\cos(\theta) \tag{3.89}$$

et les relations réciproques donnent :

$$r = \|\boldsymbol{r}\| = \sqrt{x^2 + y^2 + z^2} \tag{3.90}$$

$$\theta = \arccos\left(\frac{z}{\sqrt{x^2 + y^2 + z^2}}\right) \tag{3.91}$$

$$\varphi = \begin{cases} \arccos\left(\frac{x}{x^2+y^2}\right), & y \geq 0 \\ 2\pi - \arccos\left(\frac{x}{x^2+y^2}\right), & y < 0 \end{cases} \tag{3.92}$$

On écrit le vecteur position en fonction de (r, θ, φ) :

$$\boldsymbol{r} = \begin{pmatrix} r\cos(\varphi)\sin(\theta) \\ r\sin(\varphi)\sin(\theta) \\ r\cos(\theta) \end{pmatrix} \tag{3.93}$$

On peut déterminer maintenant les vecteurs de base $\boldsymbol{e_r}$ et $\boldsymbol{e_\theta}$ ($\boldsymbol{e_\varphi}$ a déjà été calculé pour le repère cylindrique, c'est le même vecteur) :

$$e_r = \frac{\frac{\partial}{\partial r} r}{\left\| \frac{\partial}{\partial r} r \right\|} = \begin{pmatrix} cos(\varphi)sin(\theta) \\ sin(\varphi)sin(\theta) \\ cos(\theta) \end{pmatrix} = \frac{r}{r} \tag{3.94}$$

$$e_\theta = \frac{\frac{\partial}{\partial \theta} r}{\left\| \frac{\partial}{\partial \theta} r \right\|} = \begin{pmatrix} cos(\varphi)cos(\theta) \\ sin(\varphi)cos(\theta) \\ -sin(\theta) \end{pmatrix} \tag{3.95}$$

$$e_\varphi = \begin{pmatrix} -sin(\varphi) \\ cos(\varphi) \\ 0 \end{pmatrix} \tag{3.96}$$

Passage cartésien-sphérique

Soit le vecteur F exprimé en coordonnées sphériques par :

$$F = F_r e_r + F_\theta e_\theta + F_\varphi e_\varphi = F_x e_x + F_y e_y + F_z e_z \tag{3.97}$$

Comme en coordonnées cylindriques, on peut exprimer les composantes cartésiennes (F_x, F_y, F_z) en fonction de $(F_r, F_\theta, F_\varphi)$ par une matrice orthogonale en exprimant les $(e_r, e_\theta, e_\varphi)$ en fonction des (e_x, e_y, e_z) :

$$\begin{pmatrix} F_x \\ F_y \\ F_z \end{pmatrix}_{x,y,z} = \widehat{R} \begin{pmatrix} F_r \\ F_\theta \\ F_\varphi \end{pmatrix}_{x,y,z} \tag{3.98}$$

avec :

$$\widehat{R} = \begin{pmatrix} \cos\varphi\sin\theta & \cos\varphi\cos\theta & -\sin\varphi \\ \sin\varphi\sin\theta & \sin\varphi\cos\theta & \cos\varphi \\ \cos\theta & -\sin\theta & 0 \end{pmatrix} \tag{3.99}$$

et $\widehat{R}^{-1} = \widehat{R}^T$ pour le passage inverse.

3.4.5 Résumé

On représente les vecteurs de base de chacun des trois repères étudiés sur la figure 3.7.

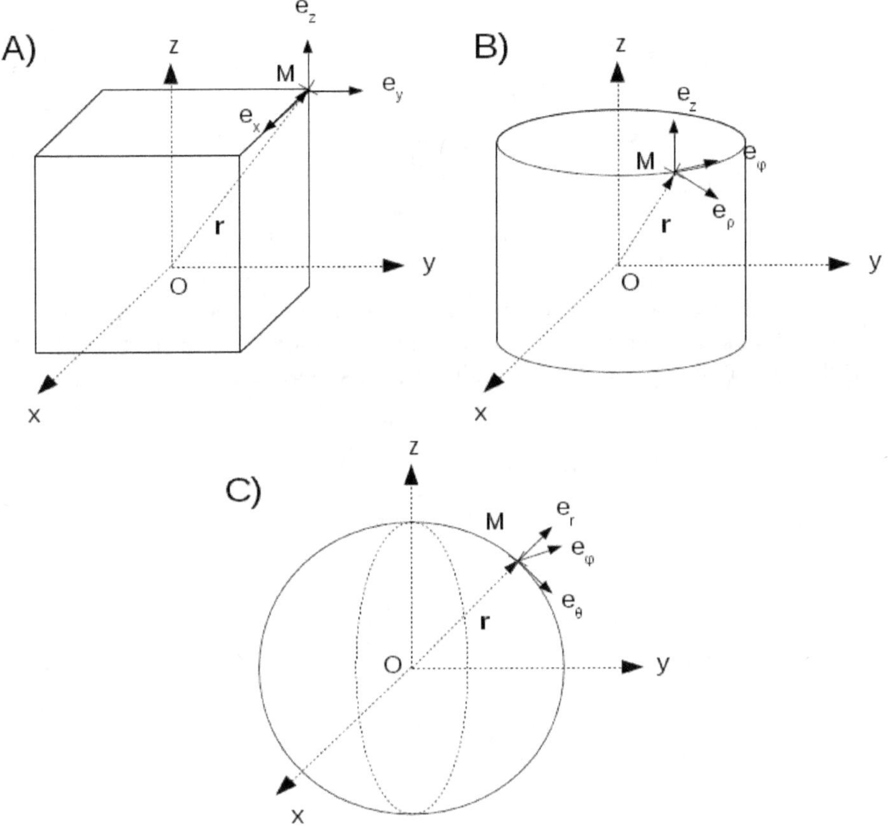

FIGURE 3.7 – Représentation des vecteurs de base des repères : A) cartésien,
B) cylindrique et C) sphérique.

3.4.6 Base orthonormée quelconque

On définit trois coordonnées u, v et w, fonctions des variables cartésiennes x, y et z, telles que l'on peut leur associer trois vecteurs e_u, e_v et
e_w formant une base orthonormée (vecteurs perpendiculaires entres eux et
de norme unitaire) :

$$e_u = \frac{\frac{\partial}{\partial u} r}{\left\| \frac{\partial}{\partial u} r \right\|} \tag{3.100}$$

$$e_v = \frac{\frac{\partial}{\partial v} r}{\left\| \frac{\partial}{\partial v} r \right\|} \tag{3.101}$$

$$e_w = \frac{\frac{\partial}{\partial w} r}{\left\| \frac{\partial}{\partial w} r \right\|} \tag{3.102}$$

Parfois, on peut être amener à utiliser ce genre de vecteurs pour des cas particuliers (repère paraboloïdal, hyperboloïdal etc) mais en général, on utilise plutôt les cartésiens, cylindriques et sphériques.

3.5 Géométrie différentielle dans l'espace Euclidien

Pour cette section on se place dans un repère orthonormé quelconque muni d'une origine O et de trois coordonnées (u_1, u_2, u_3) où les vecteurs de base s'écrivent :

$$e_i = \frac{\frac{\partial}{\partial u_i} r}{\left\| \frac{\partial}{\partial u_i} r \right\|} \tag{3.103}$$

avec $i = \{1, 2, 3\}$ et r le vecteur position.

3.5.1 Déplacement infinitésimal le long d'une ligne

Introduction

L'opération d'une intégrale simple consiste à sommer, grossièrement parlant, les valeurs d'une fonction $f(x)$ le long de l'axe des abscisses x. En physique, plusieurs formules impliquent de calculer l'intégrale d'une fonction des coordonnées (x, y, z) le long d'un contour (ou d'une ligne) arbitraire : il s'agit d'une intégrale curviligne. Par exemple le calcul d'un champ magnétique créé par un électroaimant (loi de Biot et Savart) implique une intégrale curviligne. Pour un arc de courbe de longueur L, on définit le déplacement infinitésimal le long de cette courbe, noté $\mathrm{d}l$, par l'intégrale curviligne :

$$\int_L \mathrm{d}l = L \tag{3.104}$$

Définition dans un repère

Dans le repère (O, u_1, u_2, u_3) on définit le déplacement infinitésimal dl_i associé à la coordonnée u_i par :

$$dl_i = \mathrm{d}u_i \, \frac{\partial r}{\partial u_i} = \left\| \frac{\partial r}{\partial u_i} \right\| \mathrm{d}u_i \, e_i \tag{3.105}$$

On peut ainsi calculer ces valeurs de déplacements infinitésimaux pour les trois repères principaux (cartésien, cylindrique et sphérique).

Expressions en cartésien, cylindrique et sphérique

Le tableau 3.1 contient les expressions de dl pour chacun des trois repères étudiés (démontrables à partir de l'équation 3.105).

	(x, y, z)	(ρ, φ, z)	(r, θ, φ)
dl	$dl_x = \mathrm{d}x\, e_x$	$dl_\rho = \mathrm{d}\rho\, e_\rho$	$dl_r = \mathrm{d}r\, e_r$
	$dl_y = \mathrm{d}y\, e_y$	$dl_\varphi = \rho\, \mathrm{d}\varphi\, e_\varphi$	$dl_\theta = r\, \mathrm{d}\theta\, e_\theta$
	$dl_z = \mathrm{d}z\, e_z$	$dl_z = \mathrm{d}z\, e_z$	$dl_\varphi = r \sin\theta\, \mathrm{d}\varphi\, e_\varphi$

TABLE 3.1 – Déplacements infinitésimaux en repère cartésien, cylindrique et sphérique

Chaque déplacement dl_i est colinéaire à e_i, on peut visualiser les déplacements infinitésimaux dans les trois repères principaux en se référant à la figure 3.7. De ce tableau nous retenons que :

— en cartésien, les déplacements sont selon les 3 axes x, y et z

— en cylindrique, le déplacement dl_ρ s'effectue le long du rayon du cylindre, dl_φ sur son contour circulaire et dl_z sur la génératrice du cylindre (l'axe z)

— en sphérique, quand on fait le parallèle avec la géographie, le déplacement dl_r s'effectue le long du rayon de la Terre, dl_θ s'effectue le long d'un méridien et dl_φ le long de l'équateur

Expression le long d'une courbe $y = f(x)$

Pour une courbe du plan, d'équation $y = f(x)$, le vecteur position ρ sur la courbe est défini par :

$$\rho = \begin{pmatrix} x \\ f(x) \end{pmatrix} \tag{3.106}$$

Le vecteur déplacement infinitésimal le long de la courbe est défini par :

$$dl = d\rho = \begin{pmatrix} \mathrm{d}x \\ \mathrm{d}f \end{pmatrix} = \mathrm{d}x \begin{pmatrix} 1 \\ \frac{\mathrm{d}f}{\mathrm{d}x} \end{pmatrix} \tag{3.107}$$

La longueur infinitésimale de l'arc de la courbe est définie par $\mathrm{d}l$ ($\mathrm{d}l = \|dl\|$, par définition) :

$$\mathrm{d}l = \mathrm{d}x \sqrt{1 + \left(\frac{\mathrm{d}f}{\mathrm{d}x} \right)^2} \tag{3.108}$$

La longueur totale L de l'arc entre les points $x = a$ et $x = b$ est donc donnée par :

$$L = \int\limits_{x=a}^{x=b} \mathrm{d}l = \int\limits_{a}^{b} \mathrm{d}x \sqrt{1 + \left(\frac{\mathrm{d}f}{\mathrm{d}x}\right)^2} \tag{3.109}$$

Calculs de longueurs d'arc

L'utilisation du vecteur déplacement infinitésimal permet le calcul de longueur de courbes très complexes en géométrie.

Périmètre d'un cercle

On utilise le repère cylindrique pour définir le contour d'un cercle. Le déplacement $\mathrm{d}l_\varphi$ le long d'un cercle de rayon $\rho = R$ permet de calculer le périmètre P du cercle :

$$P = \int\limits_{0}^{2\pi} \mathrm{d}l_\varphi = \int\limits_{0}^{2\pi} R\,\mathrm{d}\varphi = R \int\limits_{0}^{2\pi} \mathrm{d}\varphi = 2\pi R \tag{3.110}$$

et on retrouve la formule bien connue.

Arc de cercle

On appelle l l'arc de cercle de rayon R et d'angle α, on utilise le déplacement $\mathrm{d}l_\varphi$ pour calculer cette longueur :

$$l = \int\limits_{0}^{\alpha} \mathrm{d}l_\varphi = \int\limits_{0}^{\alpha} R\,\mathrm{d}\varphi = \alpha R \tag{3.111}$$

Arc de parabole

Soit une parabole d'équation $y = x^2$. On veut calculer la longueur d'arc l entre $x = 0$ et $x = 1$. Pour cela on utilise l'équation 3.107 pour obtenir l'expression du déplacement infinitésimal le long de la courbe :

$$\boldsymbol{dl} = \mathrm{d}x \begin{pmatrix} 1 \\ 2x \end{pmatrix} \tag{3.112}$$

La longueur l est alors définie par :

$$l = \int\limits_{0}^{1} \mathrm{d}l = \int\limits_{0}^{1} \sqrt{1 + 4x^2}\,\mathrm{d}x = \frac{1}{4}\left[\ln\left(\sqrt{4x^2 + 1} + 2x\right) + 2x\sqrt{4x^2 + 1}\right]_0^1 \simeq 1,48$$

$$\tag{3.113}$$

3.5.2 Surface infinitésimale

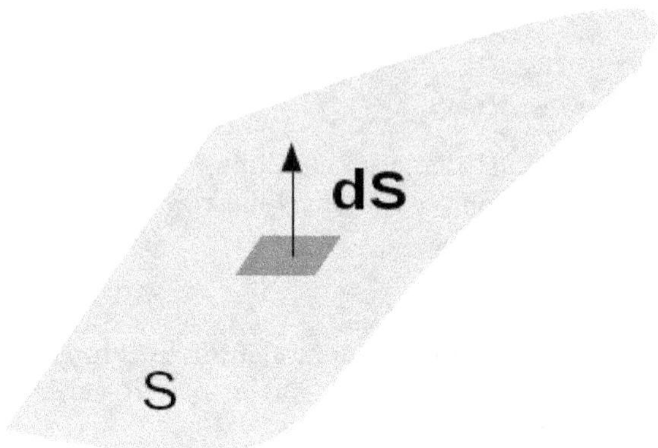

FIGURE 3.8 – Représentation d'une surface infinitésimale dS d'une surface S.

Introduction

Nous avons vu précédemment les intégrales sur un axe (intégrales simples) et sur un contour (intégrales curvilignes). En physique, il arrive que l'on doit intégrer une fonction (représentant une quantité physique) sur une surface. Pour cela on utilise la notion de surface infinitésimale. Une surface infinitésimale dS d'une surface S est définie par (voir la figure 3.8) :

$$\iint_S \mathrm{d}S = S \tag{3.114}$$

La surface infinitésimale peut être orientée, dans ce cas on la note $d\boldsymbol{S}$:

$$d\boldsymbol{S} = \mathrm{d}S\,\boldsymbol{N} \tag{3.115}$$

avec $\boldsymbol{N}$ la normale (ou perpendiculaire) extérieure (orientée vers l'extérieur de S) à S. Nous allons maintenant expliciter $\mathrm{d}S$.

Définition dans un système de coordonnées

Dans un système de coordonnées (u_1, u_2, u_3) chaque équation :

$$u_i = \mathrm{cte} \tag{3.116}$$

représente une surface notée S_i ($i = \{1, 2, 3\}$). Par exemple en repère cylindrique $\rho = $ cte, $\varphi = $ cte représentent deux plans perpendiculaires et $z = $ cte représente un disque. On note $\boldsymbol{dS_k}$ la surface infinitésimale de S_k associée à la coordonnées u_k. Cette quantité peut être définie par un produit vectoriel :

$$\boldsymbol{dS_k} = \boldsymbol{dl_i} \wedge \boldsymbol{dl_j} \epsilon_{i,j,k} \tag{3.117}$$

avec $\epsilon_{i,j,k}$ le symbole de Levi-Civita. Par exemple si l'on veut calculer les 3 surfaces infinitésimales du repère cartésien il suffit d'utiliser l'équation 3.117 et les expressions des vecteurs déplacements infinitésimaux :

$$\boldsymbol{dS_x} = \boldsymbol{dl_y} \wedge \boldsymbol{dl_z} = \mathrm{d}y\,\mathrm{d}z\,\boldsymbol{e_x} \tag{3.118}$$

$$\boldsymbol{dS_y} = \boldsymbol{dl_z} \wedge \boldsymbol{dl_x} = \mathrm{d}x\,\mathrm{d}z\,\boldsymbol{e_y} \tag{3.119}$$

$$\boldsymbol{dS_z} = \boldsymbol{dl_x} \wedge \boldsymbol{dl_y} = \mathrm{d}x\,\mathrm{d}y\,\boldsymbol{e_z} \tag{3.120}$$

On calcule les surfaces infinitésimales des repères cartésiens, cylindriques et sphériques dans le tableau 3.2.

(x, y, z)	(ρ, φ, z)	(r, θ, φ)
$\boldsymbol{dS_x} = \mathrm{d}y\,\mathrm{d}z\,\boldsymbol{e_x}$	$\boldsymbol{dS_\rho} = \rho\,\mathrm{d}\varphi\,\mathrm{d}z\,\boldsymbol{e_\rho}$	$\boldsymbol{dS_r} = r^2 \sin\theta\,\mathrm{d}\theta\,\mathrm{d}\varphi\,\boldsymbol{e_r}$
$\boldsymbol{dS_y} = \mathrm{d}x\,\mathrm{d}z\,\boldsymbol{e_y}$	$\boldsymbol{dS_\varphi} = \mathrm{d}\rho\,\mathrm{d}z\,\boldsymbol{e_\varphi}$	$\boldsymbol{dS_\theta} = r \sin\theta\,\mathrm{d}r\,\mathrm{d}\varphi\,\boldsymbol{e_\theta}$
$\boldsymbol{dS_z} = \mathrm{d}x\,\mathrm{d}y\,\boldsymbol{e_z}$	$\boldsymbol{dS_z} = \rho\,\mathrm{d}\rho\,\mathrm{d}\varphi\,\boldsymbol{e_z}$	$\boldsymbol{dS_\varphi} = r\,\mathrm{d}r\,\mathrm{d}\theta\,\boldsymbol{e_\varphi}$

TABLE 3.2 – Surfaces infinitésimales en repère cartésien, cylindrique et sphérique

Nous représentons ces surfaces infinitésimales sur la figure 3.9.

Définition générale avec paramétrisation

Soit une surface S (pouvant être aussi une aire : une surface plane) d'équation cartésienne :

$$u(x, y, z) = 0 \tag{3.121}$$

La surface S est aussi paramétrée par deux paramètres (t_1, t_2) tels que :

$$x = f(t_1, t_2) \tag{3.122}$$

$$y = g(t_1, t_2) \tag{3.123}$$

$$z = h(t_1, t_2) \tag{3.124}$$

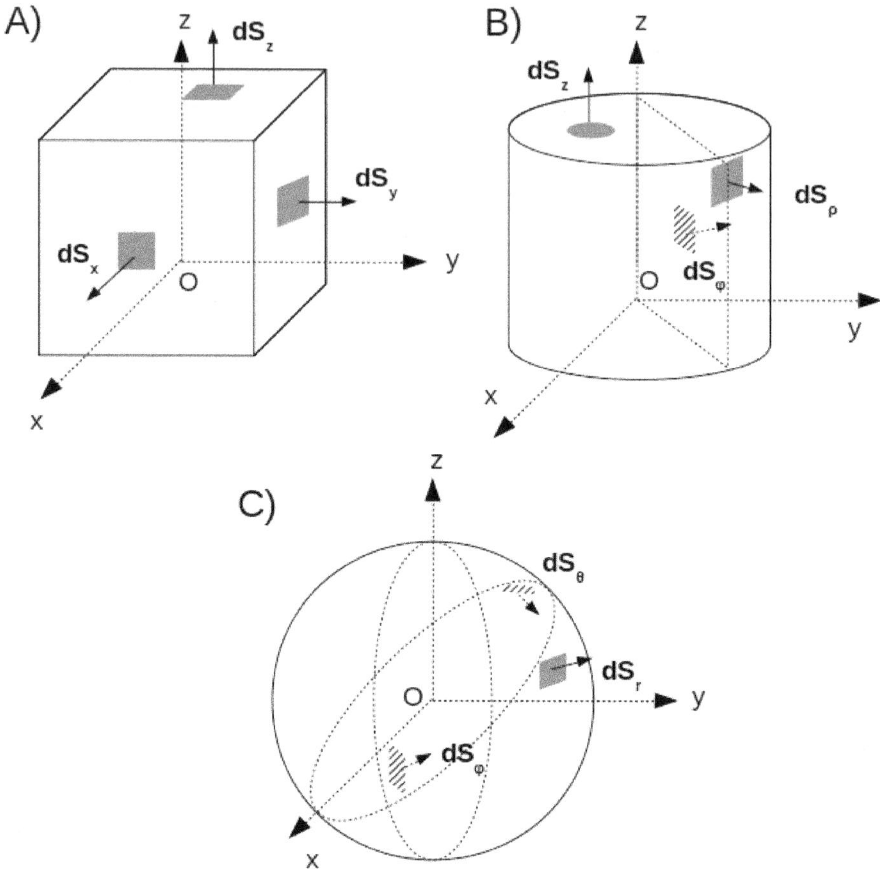

FIGURE 3.9 – Représentation des surfaces infinitésimales de chaque système de coordonnées dans les repères : A) cartésien, B) cylindrique et C) sphérique.

Les vecteurs déplacements infinitésimaux selon t_1 et t_2 (dl_1 et dl_2) nous donnent alors directement l'expression de la surface infinitésimale dS (signe valide si dl_1, dl_2 et la normale à S forment une base directe, c'est à dire conforme à "la règle de la main droite") :

$$dS = dl_1 \wedge dl_2 \qquad (3.125)$$

avec (voir équation 3.105) :

$$dl_1 = dt_1 \frac{\partial r}{\partial t_1} \tag{3.126}$$

$$dl_2 = dt_2 \frac{\partial r}{\partial t_2} \tag{3.127}$$

Normale à une surface

Soit une surface d'équation cartésienne :

$$f(x, y, z) = 0 \tag{3.128}$$

La normale extérieure N à cette surface est donnée par :

$$N = \frac{\nabla f}{\|\nabla f\|} \tag{3.129}$$

avec :

$$\nabla f = \frac{\partial f}{\partial x} e_x + \frac{\partial f}{\partial y} e_y + \frac{\partial f}{\partial z} e_z \tag{3.130}$$

le gradient de f exprimé en coordonnées cartésiennes.

Exemple

Une surface sphérique de rayon R, centrée à l'origine, s'écrit :

$$x^2 + y^2 + z^2 - R^2 = 0 \tag{3.131}$$

L'équation 3.129 nous donne l'expression de la normale à cette surface :

$$N = \frac{2x e_x + 2y e_y + 2z e_z}{\sqrt{4x^2 + 4y^2 + 4z^2}} = \frac{r}{r} = e_r \tag{3.132}$$

avec r le vecteur position sur la sphère. On reconnaît ici le vecteur normale e_r des coordonnées sphériques, qui est bien perpendiculaire à la surface de la sphère.

Aire infinitésimale d'une courbe fermée

Une aire étant une surface plane, une aire infinitésimale correspond à une surface infinitésimale dans le plan. Nous allons fournir deux méthodes de calcul pour les intégrales surfaciques sur une courbe du plan.

Par paramétrisation

Comme précédemment, on peut paramétrer une courbe du plan xy décrite par l'équation :

$$f(x, y) = 0 \tag{3.133}$$

par deux paramètres (u_1, u_2) de déplacements infinitésimaux $(\boldsymbol{dl_1}, \boldsymbol{dl_2})$ et obtenir l'aire infinitésimale dA :

$$dA = |\text{Det}\,(\boldsymbol{dl_1}, \boldsymbol{dl_2})| = |dl_{1,x}\, dl_{2,y} - dl_{1,y}\, dl_{2,x}| \tag{3.134}$$

Par le domaine de définition en coordonnées cartésiennes

Lorsque la paramétrisation est trop difficile, on peut utiliser les coordonnées cartésiennes et le domaine de définition d'une courbe. On prend le cas où l'on peut écrire :

$$g(y) \leq x \leq h(y) \tag{3.135}$$
$$y_1 \leq y \leq y_2 \tag{3.136}$$

avec y_1 et y_2 les bornes de y, g et h deux fonctions qui dépendent des données du problème. On peut alors décrire l'aire infinitésimale dA par :

$$dA = dx\, dy \tag{3.137}$$

Puis l'intégration sur le domaine de définition donne la valeur de l'aire A :

$$A = \iint\limits_{A} dA = \int\limits_{y_1}^{y_2} dy \int\limits_{g(y)}^{h(y)} dx = \int\limits_{y_1}^{y_2} dy\,(h(y) - g(y)) \tag{3.138}$$

Calculs de quelques surfaces

Aire d'un cercle

Le classique calcul de l'aire A d'un cercle peut se déterminer via la géométrie différentielle. On dénote en coordonnées cylindriques la surface infinitésimale du cercle de rayon R comme (voir tableau précédent) :

$$dA = \rho\, d\rho\, d\varphi \tag{3.139}$$

avec les domaines de ρ et φ :

$$0 \leq \rho \leq R \tag{3.140}$$
$$0 \leq \varphi \leq 2\pi \tag{3.141}$$

ainsi l'aire A vaut :

$$A = \int_0^R \rho \, \mathrm{d}\rho \int_0^{2\pi} \mathrm{d}\varphi = \pi R^2 \tag{3.142}$$

Surface d'une sphère

Soit une sphère de rayon R. La surface de cette sphère S se calcule via la surface infinitésimale $\mathrm{d}S_r$:

$$\mathrm{d}S_r = R^2 \sin\theta \, \mathrm{d}\theta \, \mathrm{d}\varphi \tag{3.143}$$

avec :

$$0 \leq \theta \leq \pi \tag{3.144}$$

$$0 \leq \varphi \leq 2\pi \tag{3.145}$$

On a donc :

$$S = R^2 \int_0^\pi \sin\theta \, \mathrm{d}\theta \int_0^{2\pi} \mathrm{d}\varphi = 4\pi R^2 \tag{3.146}$$

Surface latérale d'un cylindre

Un cylindre est un tube fermé par deux cercles. L'aire d'un cercle de rayon R étant égale à πR^2, il est en revanche moins intuitif de connaître la surface S de la paroi latérale du cylindre. En coordonnées cylindriques, la surface infinitésimale de la paroi correspond à :

$$\mathrm{d}S_\rho = R \, \mathrm{d}\varphi \, \mathrm{d}z \tag{3.147}$$

Pour un cylindre de rayon R et de hauteur h centré à l'origine, la surface latérale S est donnée par :

$$S = R \int_{-h/2}^{h/2} \mathrm{d}z \int_0^{2\pi} \mathrm{d}\varphi = 2\pi R h \tag{3.148}$$

Aire d'une ellipse

Une ellipse centrée à l'origine de demi-axes a et b est décrite par :

$$\frac{x^2}{a^2} + \frac{y^2}{b^2} - 1 = 0 \tag{3.149}$$

Si on résout l'équation pour x on trouve :

$$x = \pm a \sqrt{1 - \frac{y^2}{b^2}} \tag{3.150}$$

soit :

$$-a\sqrt{1 - \frac{y^2}{b^2}} \leq x \leq a\sqrt{1 - \frac{y^2}{b^2}} \tag{3.151}$$

et le domaine de définition de y est :

$$-b \leq y \leq b \tag{3.152}$$

L'aire A de l'ellipse est alors donnée par :

$$A = \int_{-b}^{b} \mathrm{d}y \int_{-a\sqrt{1-\frac{y^2}{b^2}}}^{a\sqrt{1-\frac{y^2}{b^2}}} \mathrm{d}x = 2a \int_{-b}^{b} \sqrt{1 - \frac{y^2}{b^2}}\, \mathrm{d}y \tag{3.153}$$

Pour faciliter le calcul on effectue le changement de variable :

$$u = \frac{y}{b} \tag{3.154}$$

ce qui donne ($\mathrm{d}y = b\,\mathrm{d}u$) :

$$A = 2ab \int_{-1}^{1} \sqrt{1 - u^2}\, \mathrm{d}u = 2ab \left[\frac{\arcsin(u) + u\sqrt{1 - u^2}}{2} \right]_{-1}^{1} = \pi ab \tag{3.155}$$

On reconnaît bien l'expression de l'aire d'une ellipse.

3.5.3   Volume infinitésimal

Définition

La notion de volume infinitésimal est aussi importante en physique notamment dans la résolution d'équations différentielles partielles en plus de la détermination de certains volumes complexes. On note le volume infinitésimal d'un volume V par la quantité $\mathrm{d}V$ ou d^3r. Ces quantités sont liées par la relation :

$$\iiint_{V} \mathrm{d}^3r = V \tag{3.156}$$

Nous décrirons le volume infinitésimal ici uniquement par une paramétrisation. Si l'on paramètre un volume avec les coordonnées (u_1, u_2, u_3) auxquels on associe les vecteurs déplacements infinitésimaux $(\boldsymbol{dl_1}, \boldsymbol{dl_2}, \boldsymbol{dl_3})$, alors $\mathrm{d}^3 r$ est donné par le produit mixte de ces trois vecteurs :

$$\mathrm{d}^3 r = \boldsymbol{dl_1}.(\boldsymbol{dl_2} \wedge \boldsymbol{dl_3}) \tag{3.157}$$

Nous donnons les expressions de chaque volume infinitésimal pour les repères cartésien, cylindrique et sphérique dans le tableau 3.3.

	(x, y, z)	(ρ, φ, z)	(r, θ, φ)
$\mathrm{d}^3 r$	$\mathrm{d}x\,\mathrm{d}y\,\mathrm{d}z$	$\rho\,\mathrm{d}\rho\,\mathrm{d}\varphi\,\mathrm{d}z$	$r^2 \sin\theta\,\mathrm{d}r\,\mathrm{d}\theta\,\mathrm{d}\varphi$

TABLE 3.3 – Volumes infinitésimaux en repère cartésien, cylindrique et sphérique

Calculs de quelques volumes

Volume d'un pavé droit

Le volume infinitésimal d'un pavé droit de côtés (L_x, L_y, L_z) se décrit parfaitement en coordonnées cartésiennes par :

$$\mathrm{d}^3 r = \mathrm{d}x\,\mathrm{d}y\,\mathrm{d}z \tag{3.158}$$

Le volume V du pavé droit (centré à l'origine) vaut alors :

$$V = \int_{-L_x/2}^{L_x/2} \mathrm{d}x \int_{-L_y/2}^{L_y/2} \mathrm{d}y \int_{-L_z/2}^{L_z/2} \mathrm{d}z = L_x L_y L_z \tag{3.159}$$

Volume d'une sphère

Soit une sphère de rayon R, son volume infinitésimal est directement décrit par les coordonnées sphériques :

$$\mathrm{d}^3 r = r^2 \sin\theta\,\mathrm{d}r\,\mathrm{d}\theta\,\mathrm{d}\varphi \tag{3.160}$$

Le volume V de la sphère est donné par :

$$V = \int_0^R r^2\,\mathrm{d}r \int_0^\pi \sin\theta\,\mathrm{d}\theta \int_0^{2\pi} \mathrm{d}\varphi = \frac{4\pi}{3} R^3 \tag{3.161}$$

Volume d'un cylindre

Soit un cylindre de rayon R et de hauteur h. Son élément de volume infinitésimal s'écrit :

$$\mathrm{d}^3 r = \rho\, \mathrm{d}\rho\, \mathrm{d}\varphi\, \mathrm{d}z \tag{3.162}$$

Le volume V est alors donné par :

$$V = \int_0^R \rho\, \mathrm{d}\rho \int_0^{2\pi} \mathrm{d}\varphi \int_{-\frac{h}{2}}^{\frac{h}{2}} \mathrm{d}z = \pi R^2 h \tag{3.163}$$

Volume d'un ellipsoïde de révolution

Soit un ellipsoïde de révolution par rapport à l'axe z, de demi-axes a et b, décrit par l'équation :

$$\frac{\rho^2}{a^2} + \frac{z^2}{b^2} = 1 \tag{3.164}$$

On choisit d'écrire son volume infinitésimal en coordonnées cylindriques :

$$\mathrm{d}^3 r = \rho\, \mathrm{d}\rho\, \mathrm{d}\varphi\, \mathrm{d}z \tag{3.165}$$

Si on résout l'équation de l'ellipsoïde pour z on trouve :

$$z = \pm b\sqrt{1 - \frac{\rho^2}{a^2}} \tag{3.166}$$

soit :

$$-b\sqrt{1 - \frac{\rho^2}{a^2}} \leq z \leq b\sqrt{1 - \frac{\rho^2}{a^2}} \tag{3.167}$$

Le calcul du volume V s'exprime alors par :

$$V = \int_0^a \rho\, \mathrm{d}\rho \int_0^{2\pi} \mathrm{d}\varphi \int_{-b\sqrt{1-\frac{\rho^2}{a^2}}}^{b\sqrt{1-\frac{\rho^2}{a^2}}} \mathrm{d}z = 4\pi b \int_0^a \rho\, \mathrm{d}\rho \sqrt{1 - \frac{\rho^2}{a^2}} \tag{3.168}$$

On simplifie le calcul de l'intégrale par le changement de variable $u = \rho/a$ et on aboutit à ($\mathrm{d}\rho = a\, \mathrm{d}u$) :

$$V = 4\pi ba^2 \int_0^1 u \, \mathrm{d}u \, \sqrt{1 - u^2} = 4\pi ba^2 \left[-\frac{1}{3} \left(1 - u^2\right)^{3/2} \right]_0^1 = \frac{4\pi}{3} ba^2 \quad (3.169)$$

Chapitre 4

Fondamentaux 3/3

4.1   Champs en physique

En physique, on définit souvent des quantités qui varient en fonction du temps et de l'espace : on parle mathématiquement de champs. Ces quantités peuvent être scalaires (c'est à dire sans direction) comme la pression d'un fluide ou la température d'une pièce. Les champs peuvent aussi être vectoriels comme la vitesse d'un fluide en écoulement, la force gravitationnelle ou le champ magnétique terrestre.

4.1.1   Champs scalaires

Un champ scalaire est une fonction de la position r et du temps t, que l'on note $\Phi(r, t)$. On représente un exemple de champ scalaire sur la figure 4.1 : la distribution de température dans une pièce rectangulaire contenant une source (en réalité : un radiateur cylindrique) maintenue à la température T_0.

En deux dimensions, un chemin géométrique où un champ scalaire est constant se nomme ligne d'équipotentielle ou équipotentiel (en trois dimensions, on parle de surfaces d'équipotentielles). Les exemples sont nombreux : pour l'électricité, on parle d'équipotentiel (référence au potentiel électrique), d'isobare pour le champ de pression, d'isotherme pour le champ de température etc.

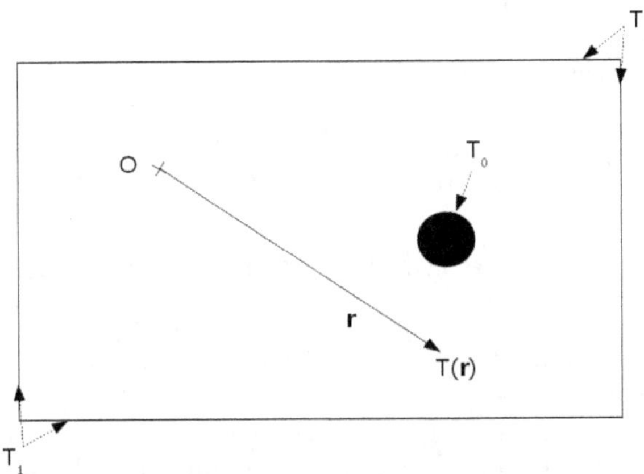

FIGURE 4.1 – Distribution de température $T(\boldsymbol{r})$ en fonction de la position, par rapport à l'origine O, dans une pièce rectangulaire contenant une source à la température T_0 et dont les murs sont maintenus à la température T_1.

4.1.2 Champs vectoriels

Un champ vectoriel est une fonction de la position $\boldsymbol{r}$ et du temps t avec une direction, comme un vecteur. On note ce type de champ $\boldsymbol{F}(\boldsymbol{r}, t)$. On représente sur la figure 4.2 un exemple de champ vectoriel : il s'agit de la vitesse d'un fluide dans une tuyère d'accélération.

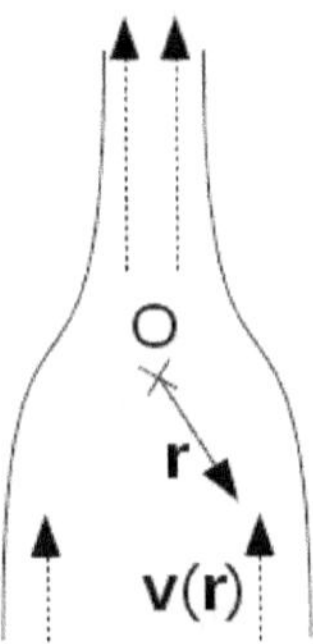

FIGURE 4.2 – Distribution de la vitesse $\boldsymbol{v}(\boldsymbol{r})$ en fonction de la position $\boldsymbol{r}$ dans une tuyère.

4.2 Opérateurs vectoriels

On peut associer d'autres grandeurs à un champ comme la différentielle totale exacte, le flux et la circulation. Ces grandeurs sont liées, via des théorèmes, à des opérateurs vectoriels composés de dérivations que nous présenterons dans ce chapitre.

4.2.1 Différentielle totale exacte et gradient

Pour étudier un champ scalaire (on parle aussi de potentiel) en tout point de l'espace, il est bon de connaître l'étude de ses variations en fonction de son déplacement dans l'espace.

Par exemple, on peut considérer le potentiel gravitationnel sur le flanc d'une montagne. Lors d'une montée, le potentiel augmente et il diminue lors d'une descente, tandis que sur un plateau, il reste constant. Pour étudier mathématiquement ce genre de variation, on utilise un opérateur mathématique nommé gradient. Le gradient étudie les variation spatiales d'un champ scalaire, liées aux dérivées partielles par rapport aux trois variables de l'espace. La définition générale du gradient de la fonction $f(\boldsymbol{r})$, noté $\boldsymbol{\nabla} f$, est donnée avec la différentielle totale exacte :

$$\boldsymbol{\nabla} f.\boldsymbol{dl} = \mathrm{d}f \tag{4.1}$$

avec $\boldsymbol{dl}$ la somme des trois vecteurs déplacements infinitésimaux ($\boldsymbol{dl}$ dépend du repère). Dans un système de coordonnées (u_1, u_2, u_3) on l'exprime par :

$$\boldsymbol{\nabla} f.\boldsymbol{dl} = \sum_{i=1}^{3} (\nabla f)_i \, \mathrm{d}l_i = \sum_{i=1}^{3} \mathrm{d}u_i \, \frac{\partial f}{\partial u_i} \tag{4.2}$$

et en identifiant élément par élément on a :

$$(\boldsymbol{\nabla} f)_i = \frac{\mathrm{d}u_i}{\mathrm{d}l_i} \frac{\partial f}{\partial u_i} \boldsymbol{e_i} = \frac{1}{h_i} \frac{\partial f}{\partial u_i} \boldsymbol{e_i} \tag{4.3}$$

avec h_i le facteur d'échelle défini par :

$$h_i = \frac{\mathrm{d}l_i}{\mathrm{d}u_i} = \left\| \frac{\partial \boldsymbol{r}}{\partial u_i} \right\| \tag{4.4}$$

On calcule les valeurs des différents facteurs d'échelles pour chacun des trois repères dans le tableau 4.1 à partir du tableau 3.1.

On peut alors calculer le gradient d'une fonction f pour chacun des trois repères dans le tableau 4.2.

	(x, y, z)	(ρ, φ, z)	(r, θ, φ)
h_i	$h_x = 1$	$h_\rho = 1$	$h_r = 1$
	$h_y = 1$	$h_\varphi = \rho$	$h_\theta = r$
	$h_z = 1$	$h_z = 1$	$h_\varphi = r\sin\theta$

TABLE 4.1 – Facteurs d'échelles en repère cartésien, cylindrique et sphérique

	$\boldsymbol{\nabla} f$
(x, y, z)	$\frac{\partial f}{\partial x}\boldsymbol{e_x} + \frac{\partial f}{\partial y}\boldsymbol{e_y} + \frac{\partial f}{\partial z}\boldsymbol{e_z}$
(ρ, φ, z)	$\frac{\partial f}{\partial \rho}\boldsymbol{e_\rho} + \frac{1}{\rho}\frac{\partial f}{\partial \varphi}\boldsymbol{e_\varphi} + \frac{\partial f}{\partial z}\boldsymbol{e_z}$
(r, θ, φ)	$\frac{\partial f}{\partial r}\boldsymbol{e_r} + \frac{1}{r}\frac{\partial f}{\partial \theta}\boldsymbol{e_\theta} + \frac{1}{r\sin\theta}\frac{\partial f}{\partial \varphi}\boldsymbol{e_\varphi}$

TABLE 4.2 – Gradient en repère cartésien, cylindrique et sphérique

Exemple

Soit le champ $f(x, y) = e^{-(x^2 + y^2)}$, on calcule son gradient :

$$\boldsymbol{\nabla} f = \frac{\partial f}{\partial x}\boldsymbol{e_x} + \frac{\partial f}{\partial y}\boldsymbol{e_y} = -2e^{-(x^2 + y^2)}\left(x\boldsymbol{e_x} + y\boldsymbol{e_y}\right) \tag{4.5}$$

On représente f et $\boldsymbol{\nabla} f$ dans le plan xOy ($z = 0$) sur la figure 4.3. Sur cette figure, les lignes de même couleur sont appelées équipotentielles et l'on voit que le gradient (vecteurs noirs) est perpendiculaire à ces lignes.

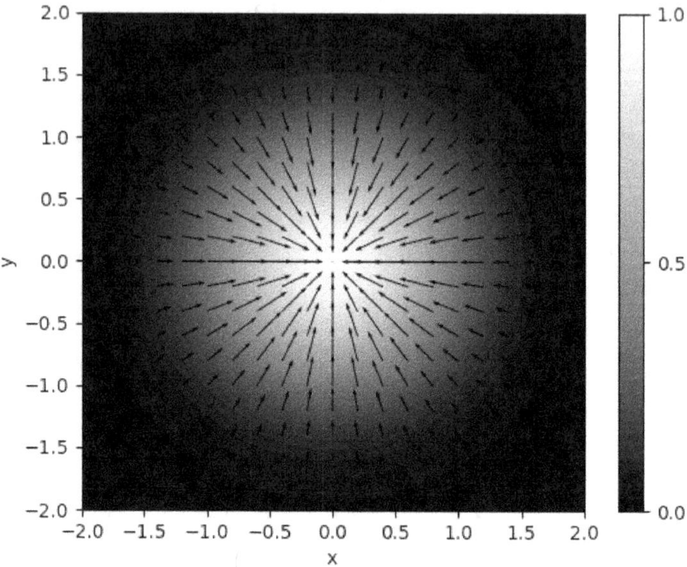

FIGURE 4.3 – Représentation de $e^{-(x^2+y^2)}$ (niveaux de gris) et de $\boldsymbol{\nabla} e^{-(x^2+y^2)}$ (vecteurs noirs) dans le plan xOy

4.2.2 Flux à travers une surface : théorème de flux-divergence

Un flux en physique est la propagation d'un champ au travers d'une certaine surface : le débit d'un fluide dans un tuyau ou la puissance rayonnée d'une onde électromagnétique à proximité d'une antenne émettrice sont, par exemple, deux types de flux. On donne la définition mathématique générale du flux Φ d'un vecteur $\boldsymbol{F}$ passant au travers de la surface Σ :

$$\Phi = \iint_{\Sigma} \boldsymbol{F}.\boldsymbol{dS} \tag{4.6}$$

On représente le flux du vecteur $\boldsymbol{F}(\boldsymbol{r})$ traversant la surface Σ d'un cylindre de volume V sur la figure 4.4.

On définit l'opérateur divergence (noté $\boldsymbol{\nabla}^T$) à partir du théorème de flux-divergence :

$$\Phi = \iint_{\Sigma(V)} \boldsymbol{F}.\boldsymbol{dS} = \iiint_{V} \boldsymbol{\nabla}^T \boldsymbol{F} \, \mathrm{d}V \tag{4.7}$$

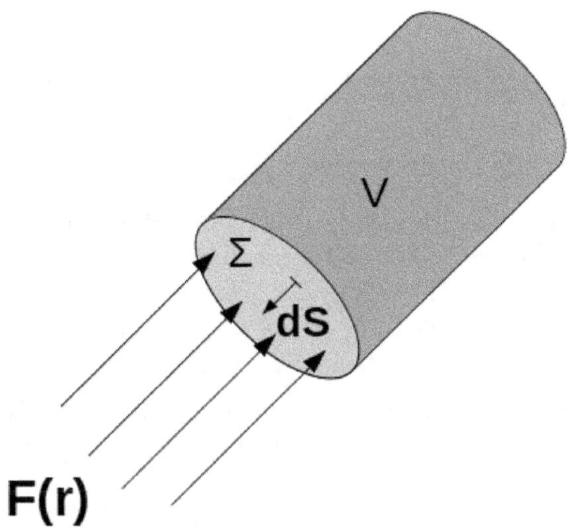

FIGURE 4.4 – Flux d'un vecteur $\boldsymbol{F}(\boldsymbol{r})$ à travers la surface Σ d'un cylindre de volume V.

où V est le volume entouré par la surface fermée Σ. Cette équation permet de définir la divergence pour tout type de repère orthogonal (u_1, u_2, u_3) via les facteurs d'échelles h_i :

$$\boldsymbol{\nabla}^T \boldsymbol{F} = \frac{1}{h_1 h_2 h_3} \sum_{i=1}^{3} \frac{\partial \left(F_i \prod_{j \neq i} h_j \right)}{\partial u_i} \tag{4.8}$$

En remplaçant les facteurs d'échelles par leurs valeurs prises dans le tableau 4.1, on calcule la divergence de tout vecteur de l'espace dans les trois repères dans le tableau 4.3.

	$\boldsymbol{\nabla}^T \boldsymbol{F}$
(x, y, z)	$\frac{\partial F_x}{\partial x} + \frac{\partial F_y}{\partial y} + \frac{\partial F_z}{\partial z}$
(ρ, φ, z)	$\frac{1}{\rho}\frac{\partial(\rho F_\rho)}{\partial \rho} + \frac{1}{\rho}\frac{\partial F_\varphi}{\partial \varphi} + \frac{\partial F_z}{\partial z}$
(r, θ, φ)	$\frac{1}{r^2}\frac{\partial\left(r^2 F_r\right)}{\partial r} + \frac{1}{r\sin\theta}\frac{\partial(\sin\theta F_\theta)}{\partial \theta} + \frac{1}{r\sin\theta}\frac{\partial F_\varphi}{\partial \varphi}$

TABLE 4.3 – Divergence en repère cartésien, cylindrique et sphérique

Exemple

Nous allons donner un exemple du théorème de flux-divergence. Soit le champ vectoriel $\boldsymbol{F} = y\boldsymbol{e_y}$, sa divergence vaut :

$$\boldsymbol{\nabla}^T \boldsymbol{F} = 1 \tag{4.9}$$

On veut calculer le flux Φ de $\boldsymbol{F}$ dans un cube centré à l'origine, de côté L et orienté selon les 3 axes cartésiens. On a :

$$\Phi = \iint_S \boldsymbol{F}.\boldsymbol{dS} = \iint_S F_y \, dS_y \tag{4.10}$$

où S est la surface du cube. Le cube étant composé de 6 faces, seules les 2 faces opposées en $y = \pm L/2$ sont à comptabiliser :

$$\Phi = \int_{-L/2}^{L/2} dx \int_{-L/2}^{L/2} dz \, F_y(y=L/2) - \int_{-L/2}^{L/2} dx \int_{-L/2}^{L/2} dz \, F_y(y=-L/2)$$

$$= \frac{L^3}{2} - \left(-\frac{L^3}{2}\right) = L^3 \tag{4.11}$$

Pour vérifier le théorème de flux-divergence dans notre exemple, on calcule ensuite la quantité :

$$\iiint_V d^3r \, \boldsymbol{\nabla}^T \boldsymbol{F} = \int_{-L/2}^{L/2} dx \int_{-L/2}^{L/2} dz \int_{-L/2}^{L/2} dy = L^3 \tag{4.12}$$

avec V le volume du cube. On retrouve donc bien l'égalité :

$$\iint_{S(V)} \boldsymbol{F}.\boldsymbol{dS} = \iiint_V d^3r \, \boldsymbol{\nabla}^T \boldsymbol{F} \tag{4.13}$$

4.2.3   Divergence du gradient : Laplacien

En physique certains champs vectoriels découlent d'un champ scalaire à partir de son gradient comme par exemple le champ électrique et le potentiel électrique. Pour un champ scalaire noté $U(\boldsymbol{r})$, on peut associer un champ vectoriel $\boldsymbol{F}(\boldsymbol{r})$:

$$\boldsymbol{F}(\boldsymbol{r}) = \boldsymbol{\nabla} U(\boldsymbol{r}) \tag{4.14}$$

En calculant le flux Φ de $\boldsymbol{F}(\boldsymbol{r})$ à travers une surface Σ, on trouve avec le théorème de flux-divergence :

$$\Phi = \iint_{\Sigma(V)} \boldsymbol{F}.\boldsymbol{dS} = \iiint_V \boldsymbol{\nabla}^T \boldsymbol{F}\, \mathrm{d}V = \iiint_V \boldsymbol{\nabla}^T \boldsymbol{\nabla} U(\boldsymbol{r})\, \mathrm{d}V \qquad (4.15)$$

L'opérateur $\boldsymbol{\nabla}^T \boldsymbol{\nabla}$ (divergence du gradient) ainsi engendré est appelé Laplacien et se note Δ :

$$\Delta = \boldsymbol{\nabla}^T \boldsymbol{\nabla} \qquad (4.16)$$

On retrouve cet opérateur dans de très nombreuses équations de la physique impliquant la répartition spatiale d'un champ (équation de diffusion, équation de la chaleur, mécanique des fluides, électromagnétisme etc). Nous présentons les expressions du Laplacien dans les trois repères usuels dans la table 4.4.

	Δf
(x, y, z)	$\dfrac{\partial^2 f}{\partial x^2} + \dfrac{\partial^2 f}{\partial y^2} + \dfrac{\partial^2 f}{\partial z^2}$
(ρ, φ, z)	$\dfrac{1}{\rho}\dfrac{\partial}{\partial \rho}\left(\rho\dfrac{\partial f}{\partial \rho}\right) + \dfrac{1}{\rho^2}\dfrac{\partial^2 f}{\partial \varphi^2} + \dfrac{\partial^2 f}{\partial z^2}$
(r, θ, φ)	$\dfrac{1}{r^2}\dfrac{\partial}{\partial r}\left(r^2\dfrac{\partial f}{\partial r}\right) + \dfrac{1}{r^2 \sin\theta}\dfrac{\partial}{\partial \theta}\left(\sin\theta\dfrac{\partial f}{\partial \theta}\right) + \dfrac{1}{r^2 \sin^2\theta}\dfrac{\partial^2 f}{\partial \varphi^2}$

TABLE 4.4 – Laplacien en repère cartésien, cylindrique et sphérique

4.2.4 Circulation et rotationnel d'un champ vectoriel

En physique, notamment en magnétostatique, on peut se retrouver à calculer la circulation d'un champ vectoriel le long d'un contour. Il s'agit mathématiquement d'une intégrale le long d'une ligne. Pour un champ vectoriel $\boldsymbol{F}$, la circulation C autour d'un contour l est définie par :

$$C = \int_l \boldsymbol{F}.\boldsymbol{dl} \qquad (4.17)$$

On définit le flux sur la surface S, encerclée par un contour l, du rotationnel de $\boldsymbol{F}$ par le théorème de Stokes :

$$\iint\limits_{S} (\boldsymbol{\nabla} \wedge \boldsymbol{F}).d\boldsymbol{S} = \int\limits_{l} \boldsymbol{F}.d\boldsymbol{l} \tag{4.18}$$

On définit le rotationnel d'un vecteur $\boldsymbol{F}$ dans un système de coordonnées orthogonales (u_1, u_2, u_3) grâce aux facteurs d'échelles :

$$(\nabla \wedge F)_i = \epsilon_{i,j,k} \frac{1}{h_j h_k} \left(\frac{\partial (h_k F_k)}{\partial u_j} - \frac{\partial (h_j F_j)}{\partial u_k} \right) \tag{4.19}$$

avec $\epsilon_{i,j,k}$ le symbole de Levi-Civita. On donne les expressions du rotationnel en coordonnées cartésiennes, cylindriques et sphériques dans le tableau 4.5.

	$\boldsymbol{\nabla} \wedge \boldsymbol{F}$
(x, y, z)	$\left(\frac{\partial F_z}{\partial y} - \frac{\partial F_y}{\partial z}\right) \boldsymbol{e_x} + \left(\frac{\partial F_x}{\partial z} - \frac{\partial F_z}{\partial x}\right) \boldsymbol{e_y} + \left(\frac{\partial F_y}{\partial x} - \frac{\partial F_x}{\partial y}\right) \boldsymbol{e_z}$
(ρ, φ, z)	$\left(\frac{1}{\rho}\frac{\partial F_z}{\partial \varphi} - \frac{\partial F_\varphi}{\partial z}\right) \boldsymbol{e_\rho} + \left(\frac{\partial F_\rho}{\partial z} - \frac{\partial F_z}{\partial \rho}\right) \boldsymbol{e_\varphi} + \frac{1}{\rho}\left(\frac{\partial (\rho F_\varphi)}{\partial \rho} - \frac{\partial F_\rho}{\partial \varphi}\right) \boldsymbol{e_z}$
(r, θ, φ)	$\frac{1}{r \sin\theta}\left(\frac{\partial (F_\varphi \sin\theta)}{\partial \theta} - \frac{\partial F_\theta}{\partial \varphi}\right) \boldsymbol{e_r} + \frac{1}{r}\left(\frac{1}{\sin\theta}\frac{\partial F_r}{\partial \varphi} - \frac{\partial (r F_\varphi)}{\partial r}\right) \boldsymbol{e_\theta}$ $+ \frac{1}{r}\left(\frac{\partial (r F_\theta)}{\partial r} - \frac{\partial F_r}{\partial \theta}\right) \boldsymbol{e_\varphi}$

TABLE 4.5 – Rotationnel en repère cartésien, cylindrique et sphérique

Exemple

Soit le champ vectoriel $\boldsymbol{F}(x, y) = \frac{1}{2}(x^2 + y^2)\boldsymbol{e_z}$. On calcule son rotationnel :

$$\boldsymbol{\nabla} \wedge \boldsymbol{F} = \frac{\partial F_z}{\partial y}\boldsymbol{e_x} - \frac{\partial F_z}{\partial x}\boldsymbol{e_y} = y\boldsymbol{e_x} - x\boldsymbol{e_y} \tag{4.20}$$

On représente $\|\boldsymbol{F}\|$ et $\boldsymbol{\nabla} \wedge \boldsymbol{F}$ dans le plan xOy ($z = 0$) sur la figure 4.5. Le rotationnel de $\boldsymbol{F}$ pourrait modéliser, par exemple, le champ de vitesses d'un fluide dans un tourbillon.

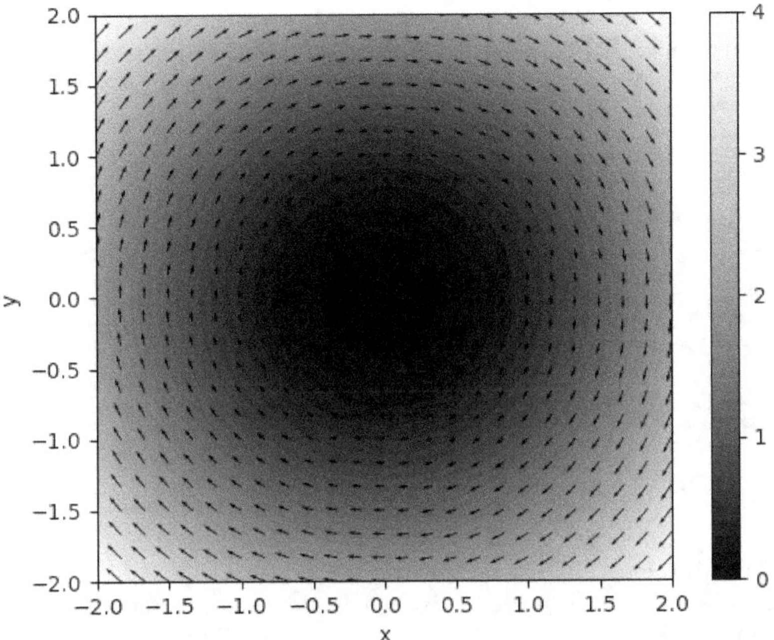

FIGURE 4.5 – Représentation de $\frac{1}{2}(x^2 + y^2)$ (niveaux de gris) et de $\boldsymbol{\nabla} \wedge \frac{1}{2}(x^2 + y^2)\boldsymbol{e_z}$ (vecteurs noirs) dans le plan xOy

4.2.5 Laplacien vectoriel

Une autre quantité rencontrée notamment en électromagnétisme et en mécanique des fluides est le Laplacien vectoriel, noté $\widehat{\Delta}$ et défini par :

$$\widehat{\Delta} = \boldsymbol{\nabla}\boldsymbol{\nabla}^T - \boldsymbol{\nabla} \wedge \boldsymbol{\nabla}\wedge \qquad (4.21)$$

Le Laplacien vectoriel est une matrice 3×3 qui s'applique à un champ vectoriel. Son expression en coordonnées cartésiennes, sur un champ $\boldsymbol{F}$, est donnée par :

$$\widehat{\Delta}\boldsymbol{F} = \Delta F_x \boldsymbol{e_x} + \Delta F_y \boldsymbol{e_y} + \Delta F_z \boldsymbol{e_z} \qquad (4.22)$$

Les expressions du Laplacien vectoriel dans d'autres systèmes de coordonnées sont très denses et pas forcément utiles ici, mais elles sont disponibles dans [2].

4.2.6 Quelques identités vectorielles

Quelques propriétés importantes utilisant les combinaisons de gradient, rotationnel et divergence sont à connaître pour ce qui suit. On appelle ces combinaisons : les identités vectorielles. On liste les plus récurrentes dans le tableau 4.6 pour un champ vectoriel $\boldsymbol{F}(\boldsymbol{r})$ et deux champs scalaires $f(\boldsymbol{r})$ et $g(\boldsymbol{r})$.

$\boldsymbol{\nabla}^T \left(\boldsymbol{\nabla} \wedge \boldsymbol{F} \right) = 0$
$\boldsymbol{\nabla} \wedge \left(\boldsymbol{\nabla} f \right) = 0$
$\boldsymbol{\nabla} \left(fg \right) = g \boldsymbol{\nabla} f + f \boldsymbol{\nabla} g$
$\boldsymbol{\nabla} \wedge \left(f \boldsymbol{F} \right) = f \boldsymbol{\nabla} \wedge \boldsymbol{F} + \left(\boldsymbol{\nabla} f \right) \wedge \boldsymbol{F}$
$\boldsymbol{\nabla}^T \left(f \boldsymbol{F} \right) = f \boldsymbol{\nabla}^T \boldsymbol{F} + \boldsymbol{F} . \boldsymbol{\nabla} f$
$\Delta \left(fg \right) = f \Delta g + g \Delta f + 2 \left(\boldsymbol{\nabla} g \right) . \left(\boldsymbol{\nabla} f \right)$

TABLE 4.6 – Identités vectorielles usuelles

Ces propriétés sont facilement démontrables à partir des définitions du rotationnel, du gradient, de la divergence, du Laplacien en coordonnées cartésiennes et en appliquant la règle de dérivation d'un produit de fonctions.

4.2.7 Théorème de décomposition d'Helmholtz

On est parfois amené à calculer un champ vectoriel à partir d'un champ scalaire, par souci de complexité calculatoire. Le théorème de décomposition d'Helmholtz stipule qu'un champ vectoriel $\boldsymbol{F}$ peut s'écrire comme la somme d'un gradient d'un champ scalaire $\Phi(\boldsymbol{r})$ et du rotationnel d'un autre champ vectoriel $\boldsymbol{H}(\boldsymbol{r})$ de divergence nulle, soit :

$$\boldsymbol{F} = \boldsymbol{\nabla} \Phi + \boldsymbol{\nabla} \wedge \boldsymbol{H}(\boldsymbol{r}) = \boldsymbol{F_i} + \boldsymbol{F_s} \tag{4.23}$$

On distingue deux types de champ vectoriel : les champs irrotationnels et solénoïdaux. Un champ irrotationnel $\boldsymbol{F_i}$ est défini par :

$$\boldsymbol{F_i} = \boldsymbol{\nabla} \Phi \tag{4.24}$$

et un champ solénoïdal $\boldsymbol{F_s}$ (d'après le champ magnétique produit par un solénoïde) par :

$$\boldsymbol{F_s} = \boldsymbol{\nabla} \wedge \boldsymbol{H}(\boldsymbol{r}) \tag{4.25}$$

avec $\boldsymbol{\nabla}^T \boldsymbol{H} = 0$. Ce théorème est très pratique notamment pour résoudre des équations différentielles partielles vectorielles en acoustique et électromagnétisme.

4.3 Équations différentielles ordinaires

4.3.1 Introduction

En mécanique Newtonienne, en électronique et en automatique, on se retrouve à résoudre des équations dynamiques dépendantes du temps, donc d'une seule variable. Ces équations sont formées par les dérivées successives par rapport au temps d'une fonction à déterminer (vecteur position en mécanique, tension ou courant en électronique par exemple). On appelle ce type d'équation à une variable : équation différentielle ordinaire (EDO).

4.3.2 Définition

Une équation différentielle sur une fonction f est une relation entre f et ses différentes dérivées. On parle d'EDO lorsque f dépend d'une seule variable, notons la x, comme par exemple :

$$f = f(x) \tag{4.26}$$

On définit une EDO générale d'ordre n (l'ordre est égale au terme dérivé de plus haut degré) par l'équation :

$$F(x, f, f^{(1)}, f^{(2)}, ..., f^{(n)}) = g(x) \tag{4.27}$$

avec $f^{(n)}$ la dérivée n^{ième} de f par rapport à x, F et g deux fonctions.

4.3.3 Équation homogène

L'équation 4.27 est dite homogène si $g(x) = 0$:

$$F(x, f, f^{(1)}, f^{(2)}, ..., f^{(n)}) = 0 \tag{4.28}$$

4.3.4 Conditions aux limites

Pour résoudre l'équation 4.27, il faut l'associer à des conditions aux limites sur $(f, f^{(1)}, f^{(2)}, ..., f^{(n)})$ en différents points. Un problème de résolution d'équation différentielle est toujours associé à des conditions aux limites. En général une EDO d'ordre n nécessite au moins n conditions aux limites pour être résolues (voir le problème de Cauchy pour les EDO).

4.3.5 EDO Linéaires

Les EDO dîtes linéaires sont des EDO s'écrivant :

$$a_0(x)f + a_1(x)f^{(1)} + a_2(x)f^{(2)} + ... + a_n(x)f^{(n)} = g(x) \tag{4.29}$$

avec les $a_i(x)$ des coefficients dépendant de la variable x. Il n'existe pas à notre connaissance de méthode pour résoudre analytiquement cette forme générale d'équation. Nous allons nous attarder sur des équations rencontrées fréquemment en physique.

EDO Linéaires à coefficients constants

On appelle EDO linéaire à coefficients constants ce type d'équation :

$$a_0 f + a_1 f^{(1)} + a_2 f^{(2)} + ... + a_n f^{(n)} = g(x) \tag{4.30}$$

avec les a_i des coefficients constants (ne dépendant pas de x). Une méthode générale pour résoudre ce type d'équation modélisant de nombreux systèmes dynamiques est la méthode de la transformée de Laplace que nous verrons après.

Résolution du cas homogène

Dans le cas où $g = 0$ l'équation 4.30 se simplifie en :

$$a_0 f + a_1 f^{(1)} + a_2 f^{(2)} + ... + a_n f^{(n)} = 0 \tag{4.31}$$

Si l'on pose :

$$f(x) = e^{bx} \tag{4.32}$$

alors 4.30 devient une équation polynomiale en b :

$$a_0 + a_1 b + a_2 b^2 + ... + a_n b^n = 0 \tag{4.33}$$

Si l'on appelle $(b_1, b_2, ..., b_n)$ l'ensemble des solutions de l'équation polynomiale ci-dessus alors $f(x)$ peut s'écrire comme :

$$f(x) = \sum_{k=1}^{n} C_k e^{b_k x} \tag{4.34}$$

avec C_k des coefficients dépendant des conditions aux limites du problème.

4.3.6   EDO non linéaires

Les EDO non linéaires sont les EDO ne pouvant pas s'écrire sous la forme de l'équation 4.29.
Par exemple l'équation :

$$f'' f^2 + \cos f = 0 \tag{4.35}$$

est une EDO non linéaire.

4.3.7 Résolutions de cas particuliers

Dans les exemples qui suivent, le lecteur novice est invité à refaire tous les calculs pour vérifier par lui-même les solutions. Le lecteur aguerri pourra consulter la référence [3] qui liste les solutions connues à ce jour des EDO usuelles.

Cas $f' = g(x)$

Il s'agit d'une simple intégration. On réécrit l'équation :

$$f' = \frac{\mathrm{d}f}{\mathrm{d}x} = g(x) \tag{4.36}$$

La solution est alors donnée à une constante près par :

$$f(x) = \int g(x)\,\mathrm{d}x + C \tag{4.37}$$

Exemple

Soit le problème suivant :

$$f' = \cos(x) \tag{4.38}$$
$$f(0) = 0 \tag{4.39}$$

En utilisant la formule on trouve :

$$f(x) = \int \cos x\,\mathrm{d}x + C = \sin x + C \tag{4.40}$$

et la condition au bord donne :

$$f(0) = 0 = C \tag{4.41}$$

donc :

$$f(x) = \sin x \tag{4.42}$$

Cas $f' + af = 0$

Le cas le plus simple (équation d'évolution du premier ordre) se résout par (cas particulier de l'équation 4.31) :

$$f(x) = Ce^{-ax} \tag{4.43}$$

avec C une constante dépendant de la condition initiale.

Exemple

On présente le problème suivant :

$$f' + 4f = 0 \tag{4.44}$$
$$f(0) = 2 \tag{4.45}$$

La solution est donnée par :

$$f(x) = Ce^{-4x} \tag{4.46}$$

et la condition $f(0) = 2$ nous donne la valeur de C :

$$f(x) = 2e^{-4x} \tag{4.47}$$

Cas $f'' + a_1 f' + a_2 f = 0$

Cette équation, appelé oscillateur amorti en physique, se résout par (cas particulier de l'équation 4.31) :

$$f(x) = C_1 e^{s_1 x} + C_2 e^{s_2 x} \tag{4.48}$$

où s_1 et s_2 sont solutions du polynôme suivant :

$$s^2 + a_1 s + a_2 = 0 \tag{4.49}$$

donc :

$$s_{\frac{1}{2}} = \frac{-a_1 \pm \sqrt{a_1^2 - 4a_2}}{2} \tag{4.50}$$

et C_1, C_2 deux constantes dépendantes des conditions initiales.

Exemple

On présente le problème suivant :

$$f'' + f' + -f = 0 \tag{4.51}$$
$$f(0) = 0 \tag{4.52}$$
$$f'(0) = 1 \tag{4.53}$$

On résout le polynôme caractéristique :

$$s^2 + s - 1 = 0 \tag{4.54}$$

dont les solutions sont :

$$s_1 = \frac{-1 + \sqrt{5}}{2} \simeq 0.618 \tag{4.55}$$

$$s_2 = \frac{-1 - \sqrt{5}}{2} \simeq -1.618 \tag{4.56}$$

La solution générale étant :

$$f(x) = C_1 e^{s_1 x} + C_2 e^{s_2 x} \tag{4.57}$$

On utilise les deux conditions aux limites pour établir que :

$$C_1 + C_2 = 0 \tag{4.58}$$
$$s_1 C_1 + s_2 C_2 = 1 \tag{4.59}$$

On résout le système pour trouver (C_1, C_2) :

$$C_1 = -\frac{1}{s_2 - s_1} \tag{4.60}$$

$$C_2 = \frac{1}{s_2 - s_1} \tag{4.61}$$

La fonction $f(x)$ vaut alors :

$$f(x) = \frac{1}{s_2 - s_1} \left(e^{s_2 x} - e^{s_1 x} \right) \tag{4.62}$$

Cas $f' + a(x)f = 0$

La solution est donnée par :

$$f(x) = C e^{-A(x)} \tag{4.63}$$

avec :

$$A(x) = \int a(x)\, \mathrm{d}x \tag{4.64}$$

et C une constante déterminée par une condition au bord.

Exemple

On donne le problème suivant :

$$f' + 2xf = 0 \tag{4.65}$$

$$f(0) = 1 \tag{4.66}$$

En utilisant la formule pour la résolution on trouve immédiatement que :

$$f(x) = Ce^{-x^2} \tag{4.67}$$

La condition aux limites $f(0) = 1$ nous donne la valeur de C :

$$f(x) = e^{-x^2} \tag{4.68}$$

Cas $f'(x) = g(f)$

On réécrit l'équation :

$$\frac{\mathrm{d}f}{\mathrm{d}x} = g(f) \tag{4.69}$$

en :

$$\frac{\mathrm{d}f}{g(f)} = \mathrm{d}x \tag{4.70}$$

On intègre cette dernière équation pour trouver :

$$\int \frac{\mathrm{d}f}{g(f)} = x + C \tag{4.71}$$

avec C une constante dépendante de la condition au bord du problème. Il reste ensuite à résoudre l'équation pour f.

Exemple

Soit le problème suivant :

$$f'(x) = \frac{1}{f^2} \tag{4.72}$$

$$f(0) = 3^{1/3} \tag{4.73}$$

On utilise la méthode de résolution et on débouche sur l'équation :

$$\int f^2 \, \mathrm{d}f = x + C \tag{4.74}$$

puis en calculant la primitive on trouve :

$$\frac{1}{3}f^3 = x + C \tag{4.75}$$

et en isolant f on obtient :

$$f(x) = \left[3\left(x + C\right)\right]^{1/3} \tag{4.76}$$

La condition au limite $f(0) = 3^{1/3}$ nous indique que $C = 1$ donc :

$$f(x) = \left[3\left(x + 1\right)\right]^{1/3} \tag{4.77}$$

Cas $p_1(x)f'' + p_2(x)f' + p_3(x)f = 0$

Ce type d'EDO d'ordre 2 faisant intervenir trois fonctions polynomiales $p_1(x)$, $p_2(x)$ et $p_3(x)$ est souvent rencontré en physique : équation différentielle de Bessel, équation différentielle de Legendre etc. Les solutions de ces équations s'expriment sous la forme de séries entières de puissances de x (donc de séries de Maclaurin) :

$$f(x) = x^b \sum_{k=0}^{+\infty} a_k x^k \tag{4.78}$$

où b et les a_k sont des constantes. On substitue cette expression de $f(x)$ dans l'équation différentielle pour obtenir une relation de récurrence entre coefficients a_k. Les conditions initiales sur f nous donnant, en général, les deux premiers termes de la série. On appelle cette méthode : la méthode des séries. D'autres méthodes dérivées de celle-ci existent comme la méthode de Frobenius.

Exemple

Prenons le cas simple :

$$f'(x) + xf(x) = 0 \tag{4.79}$$

avec la condition initiale $f(0) = 1$. La solution de cette équation du premier ordre est donnée par l'équation 4.63 soit :

$$f(x) = e^{-x^2/2} \tag{4.80}$$

Nous allons retrouver le même résultat avec la méthode des séries, on pose :

$$f(x) = \sum_{k=0}^{+\infty} a_k x^k \tag{4.81}$$

Avec la condition initiale $f(0) = 1$, on a immédiatement la valeur de a_0 :

$$f(0) = a_0 = 1 \tag{4.82}$$

Calculons ensuite $xf(x)$:

$$xf(x) = \sum_{k=0}^{+\infty} a_k x^{k+1} \tag{4.83}$$

La dérivée de f donne :

$$f'(x) = \sum_{k=1}^{+\infty} k a_k x^{k-1} \tag{4.84}$$

Le but est de factoriser par x^k dans l'EDO. Pour cela on réécrit $xf(x)$ (on commence la somme à $k = 1$) :

$$xf(x) = \sum_{k=1}^{+\infty} a_{k-1} x^{k} \tag{4.85}$$

ainsi que $f'(x)$ (on commence la somme à $k = 0$) :

$$f'(x) = \sum_{k=0}^{+\infty} (k+1)\, a_{k+1} x^{k} \tag{4.86}$$

On remplace ainsi $xf(x)$ et $f'(x)$ dans l'EDO :

$$\sum_{k=0}^{+\infty} (k+1)\, a_{k+1} x^{k} + \sum_{k=1}^{+\infty} a_{k-1} x^{k} = 0 \tag{4.87}$$

et on isole le terme $k = 0$ pour obtenir :

$$a_1 + \sum_{k=1}^{+\infty} x_k \left[(k+1)\, a_{k+1} + a_{k-1} \right] = 0 \tag{4.88}$$

Pour tout x cette équation se résout par :

$$a_1 = 0 \tag{4.89}$$

$$(k+1)\, a_{k+1} + a_{k-1} = 0 \tag{4.90}$$

La relation de récurrence sur les coefficients a_k se réécrit en :

$$a_{k+2} = -\frac{a_k}{k+2} \tag{4.91}$$

On veut exprimer a_k en fonction de k uniquement. En calculant les premiers termes de la suite a_k, on obtient :

$$a_2 = -\frac{a_0}{2} = -\frac{1}{2} \tag{4.92}$$

$$a_3 = -\frac{a_1}{3} = 0 \tag{4.93}$$

$$a_4 = -\frac{a_2}{4} = -\frac{1}{4}\left(-\frac{1}{2}\right) \tag{4.94}$$

$$a_5 = -\frac{a_3}{5} = 0 \tag{4.95}$$

$$a_6 = -\frac{a_4}{6} = -\frac{1}{6}\left(-\frac{1}{4}\right)\left(-\frac{1}{2}\right) \tag{4.96}$$

Par récurrence on voit que tous les termes impairs, notés a_{2k+1} $(k \geq 0)$, sont nuls. On peut émettre une hypothèse sur la valeur des termes pairs, a_{2k} $(k \geq 0)$:

$$a_{2k} = \left(\frac{-1}{2}\right)^k \frac{1}{k!} = \frac{(-1)^k}{2^k k!} \tag{4.97}$$

On vérifie cette hypothèse par récurrence en prouvant qu'elle satisfait à l'équation 4.91 : $a_{2k+2} = -\frac{a_{2k}}{2k+2}$. On calcule alors :

$$a_0 = 1 \tag{4.98}$$

$$a_2 = -\frac{1}{2} \tag{4.99}$$

$$a_{2(k+1)} = a_{2k+2} = \frac{(-1)^{k+1}}{2^{k+1}(k+1)!} = -\frac{1}{2(k+1)}\frac{(-1)^k}{2^k k!} = -\frac{a_{2k}}{2k+2} \tag{4.100}$$

L'hypothèse de récurrence est ainsi vérifiée. La fonction $f(x)$ s'écrit sous la forme de la série entière suivante :

$$f(x) = \sum_{k=0}^{+\infty} a_{2k} x^{2k} = \sum_{k=0}^{+\infty} \frac{(-1)^k}{2^k k!} x^{2k} \tag{4.101}$$

On peut vérifier qu'il s'agit bien de la série de Maclaurin de la fonction $e^{-x^2/2}$.

4.3.8 Méthodes numériques

En physique, beaucoup de problèmes d'EDO associés à des conditions aux limites nécessitent une résolution numérique car leurs solutions générales ne sont pas toujours connues. Il existe deux grands types de méthode que nous allons simplement lister ici.

Méthodes discrètes

Les méthodes discrètes sont abondamment utilisées pour résoudre les EDO, telles que celles dérivées de la méthode d'Euler (utilise la discrétisation du développement de Taylor) comme la méthode de Runge-Kutta, implémentée dans de nombreuses bibliothèques de langage de calcul numérique.

Méthode par éléments finis

Les méthodes par éléments finis sont surtout utilisées pour résoudre des problèmes d'équations différentielles partielles (à plusieurs variables).

4.4 Distributions

La modélisation d'une impulsion en physique (impulsions électriques par exemple) nécessite l'introduction d'une fonction particulière : la distribution de Dirac. Avant de présenter cet outil mathématique, nous allons donner une brève définition (mais suffisante pour les calculs) des distributions.

4.4.1 Introduction aux distributions

Soit une fonction de la variable réelle x, $f(x)$, on considère que cette fonction est une distribution si :

$$f(x) \geq 0 \tag{4.102}$$

$$\int_{-\infty}^{+\infty} f(x)\,\mathrm{d}x = 1 \tag{4.103}$$

On donne quelques exemples dans le tableau 4.7 de distributions centrées en $x = x_0$:

	Distribution $f(x)$
Gaussienne	$\frac{1}{\sqrt{2\pi}\sigma}e^{-\frac{(x-x_0)^2}{2\sigma^2}}$, avec $\sigma > 0$
Lorentzienne	$\frac{1}{\pi\gamma\left[\left(\frac{x-x_0}{\gamma}\right)^2+1\right]}$, avec $\gamma > 0$
Uniforme	$\frac{1}{2a}$, avec $x_0 - a \leq x \leq x_0 + a$, 0 sinon

TABLE 4.7 – Distributions usuelles de la variable réelle x

On trace ces trois distributions sur la figure 4.6 centrée en $x_0 = 0$.
À une distribution f on peut associer une moyenne $\langle x \rangle$, définie par :

$$\langle x \rangle = \int_{-\infty}^{+\infty} x f(x)\,\mathrm{d}x \tag{4.104}$$

ainsi qu'un écart type σ :

$$\sigma^2 = \langle x^2 \rangle - \langle x \rangle^2 \tag{4.105}$$

Les distributions sont notamment utilisées en spectroscopie, physique statistique et en traitement de signal.

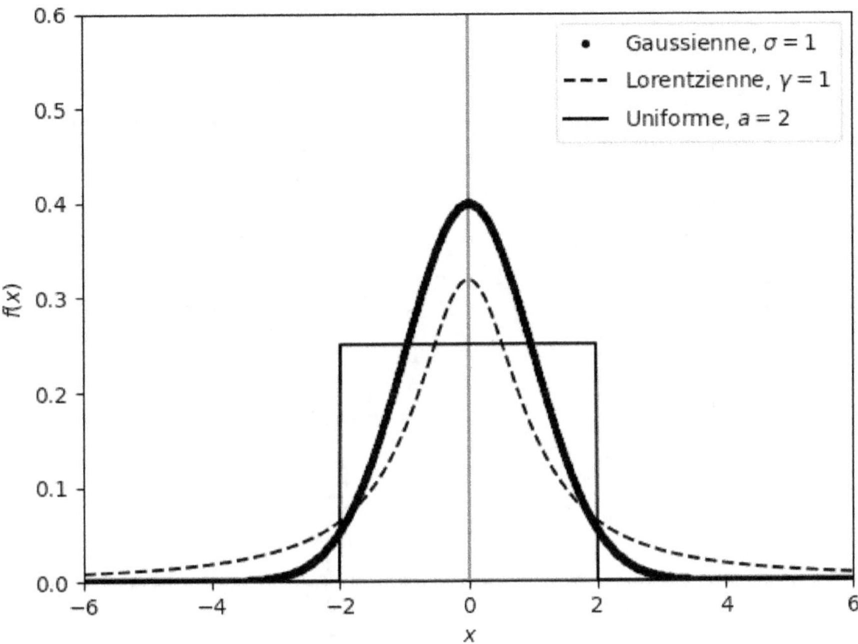

FIGURE 4.6 – Présentation de plusieurs distributions centrées à l'origine.

4.4.2 Distribution de Dirac

Introduction

Pour introduire la distribution de Dirac, prenons une distribution Gaussienne $g(x)$ centrée à l'origine :

$$g(x) = \frac{1}{\sqrt{2\pi}\sigma} e^{-\frac{x^2}{2\sigma^2}} \tag{4.106}$$

On trace ensuite sur la figure 4.7 la fonction $g(x)$ pour différentes valeurs de σ (de plus en plus petites).

Sur cette figure en $x = 0$, on voit que quand σ s'approche de 0, la distribution est de plus en plus étroite et prend une valeur de plus en plus grande en $x = 0$. On peut alors définir la distribution de Dirac , notée $\delta(x)$, via la distribution Gaussienne pour la limite où σ tend vers 0 :

$$\delta(x) = \lim_{\sigma \to 0} \frac{1}{\sqrt{2\pi}\sigma} e^{-\frac{x^2}{2\sigma^2}} \tag{4.107}$$

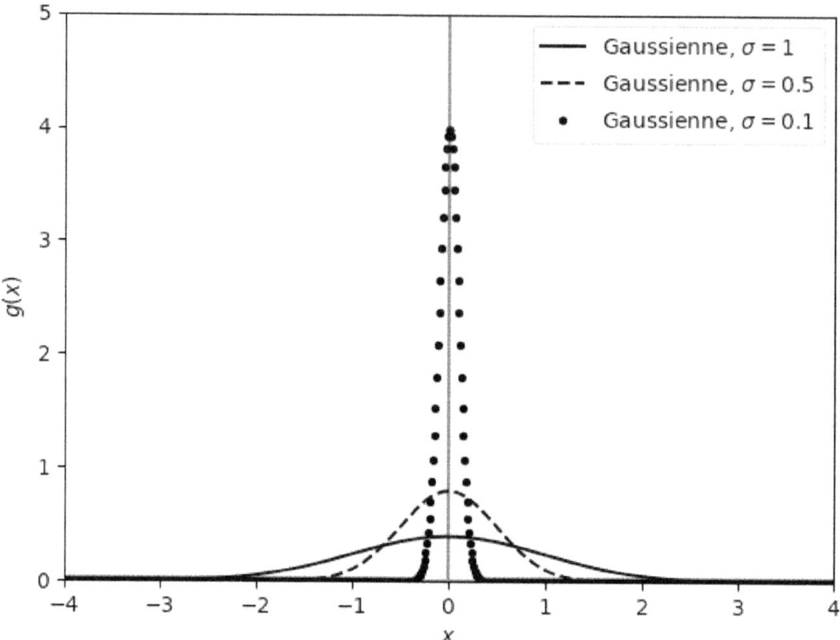

FIGURE 4.7 – Distribution Gaussienne centrée à l'origine tracée pour plusieurs valeurs de σ.

Définition

Après l'avoir introduit par la distribution Gaussienne, il est bon de donner la définition suivante de la distribution de Dirac, peu rigoureuse mais intuitive et suffisante pour l'ingénieur ou le physicien :

$$\delta(x - x_0) = +\infty, \quad x = x_0 \tag{4.108}$$

$$\delta(x - x_0) = 0, \quad x \neq x_0 \tag{4.109}$$

Il s'agit donc grossièrement parlant d'un pic de "largeur nulle" et "d'amplitude infinie" centré en x_0.

Propriétés importantes

En tant que distribution on a :

$$\int_{-\infty}^{+\infty} \delta(x - x_0)\,\mathrm{d}x = 1 \tag{4.110}$$

et la multiplication par une fonction $f(x)$ donne :

$$f(x)\delta(x - x_0) = f(x_0)\delta(x - x_0) \tag{4.111}$$

Intérêt en physique

Le principal intérêt de la distribution de Dirac est de modéliser une impulsion ultra courte dans le domaine temporel (impulsion électrique, impulsion mécanique etc) ou une source ponctuelle (charge électrique par exemple) dans le domaine spatial à une dimension.

4.5 Analyse spectrale

Le traitement de signal et la résolution d'équations linéaires (comme l'équation de la chaleur) ont amené à utiliser une transformation mathématique des fonctions dépendantes du temps (ou d'une coordonnée spatiale dans le cas de l'équation de la chaleur) permettant de déterminer, grossièrement parlant, la fréquence d'un signal : il s'agit de la transformée de Fourier temporelle (il existe aussi une transformée de Fourier spatiale). Cette opération est pratique en électricité pour des systèmes linéaires (simplification des dérivées temporelles) ainsi que pour déterminer le spectre d'un signal quelconque (onde sismique, onde sonore, signaux électriques etc) enregistré via un transducteur.

4.5.1 Définition

Soit une fonction dépendante du temps $g(t)$. Sa transformée de Fourier notée $G(\omega)$ est définie par :

$$G(\omega) = TF(g(t)) = \int_{-\infty}^{+\infty} g(t)e^{-i\omega t} \, \mathrm{d}t \tag{4.112}$$

et la transformée inverse par (pour passer de $G(\omega)$ à $g(t)$) :

$$g(t) = TF^{-1}(G(\omega)) = \frac{1}{2\pi} \int_{-\infty}^{+\infty} G(\omega)e^{i\omega t} \, \mathrm{d}\omega \tag{4.113}$$

où $\omega = 2\pi f$, avec f la fréquence du spectre du signal.

4.5.2 Quelques propriétés importantes

Dérivation

La transformée de Fourier étant linéaire, il est intéressant de l'appliquer à la dérivation. On trouve alors pour la TF de la dérivée :

$$TF\left(\frac{\mathrm{d}}{\mathrm{d}t}g(t)\right) = TF\left(\frac{1}{2\pi} \int_{-\infty}^{+\infty} G(\omega)\frac{\mathrm{d}e^{i\omega t}}{\mathrm{d}t} \, \mathrm{d}\omega\right) = i\omega G(\omega) \tag{4.114}$$

Dans le domaine de Fourier, la dérivation temporelle devient donc une simple multiplication par un facteur $i\omega$, ce qui facilite grandement les calculs notamment en électricité. De la même façon on peut aussi montrer que :

$$TF^{-1}\left(\frac{\mathrm{d}}{\mathrm{d}\omega}G(\omega)\right) = -itg(t) \tag{4.115}$$

Convolution

Produit de convolution

On définit le produit de convolution, noté $*$, de deux fonctions $h(t)$ et $g(t)$ par :

$$g(t) * h(t) = \int_{-\infty}^{+\infty} g(\tau)h(t - \tau)\,\mathrm{d}\tau \qquad (4.116)$$

Le produit de convolution est symétrique, c'est à dire que :

$$g(t) * h(t) = h(t) * g(t) \qquad (4.117)$$

On retiendra le résultat particulier de la convolution par une distribution de Dirac :

$$g(t) * \delta(t - t_0) = g(t - t_0) \qquad (4.118)$$

qui produit une translation de t_0 de la fonction $g(t)$.

Théorème de convolution

Une seconde propriété, utilisée notamment pour les filtres en électronique, est celle de la transformée de Fourier inverse du produit de deux transformées de Fourier. En notant $H(\omega)$ la transformée de Fourier de la fonction $h(t)$, on a :

$$TF\left(g(t) * h(t)\right) = G(\omega)H(\omega) \qquad (4.119)$$

et la relation inverse :

$$TF^{-1}\left(G(\omega) * H(\omega)\right) = g(t)h(t) \qquad (4.120)$$

Ces deux relations sont appelées théorème de convolution.

Translation

Une troisième propriété, plus triviale, concernant la translation dans le domaine temporel est aussi utilisée (démontrable en effectuant le changement de variable $u = t - t_0$) :

$$TF(g(t - t_0)) = \int_{-\infty}^{+\infty} g(t - t_0)e^{-i\omega t}\,\mathrm{d}t = e^{-i\omega t_0}G(\omega) \qquad (4.121)$$

De la même façon on peut démontrer que dans le domaine fréquentiel :

$g(t)$	$G(\omega)$
$\delta(t)$	1
1	$2\pi\delta(\omega)$
$e^{i\omega_0 t}$	$2\pi\delta(\omega - \omega_0)$
$\sin\omega_0 t$	$\frac{\pi}{i}\left(\delta(\omega - \omega_0) - \delta(\omega + \omega_0)\right)$
$\cos\omega_0 t$	$\pi\left(\delta(\omega - \omega_0) + \delta(\omega + \omega_0)\right)$
$e^{-t/\tau}$, $t \geq 0$	$\frac{\tau}{1+i\omega\tau}$
$e^{i\omega_0 t - t/\tau}$, $t \geq 0$	$\frac{\tau}{1+i(\omega-\omega_0)\tau}$
$g(t) = 1$ pour $-T/2 \leq t \leq T/2$	$T\operatorname{sinc}\left(\frac{\omega T}{2}\right)$
e^{-at^2}	$\sqrt{\frac{\pi}{a}}e^{-\frac{\omega^2}{4a}}$

TABLE 4.8 – Transformées de Fourier temporelles de fonctions usuelles

$$TF^{-1}(G(\omega - \omega_0)) = e^{i\omega_0 t}g(t) \tag{4.122}$$

4.5.3 Résultats de quelques transformées usuelles

On énumère quelques transformées de Fourier usuelles dans le tableau 4.8 (issu de [4]).

Nous allons ensuite étudier rapidement deux exemples de l'utilisation de la transformée de Fourier, outil incontournable du traitement de signal en ingénierie.

4.5.4 Exemples importants

Somme de deux sinusoïdes

Soient deux signaux sinusoïdaux g_1 et g_2 (de fréquence f_1 et f_2 respectivement), mesurés dans un intervalle de temps T et définis par :

$$g_1(t) = \sin\left(2\pi f_1 t\right)\operatorname{rect}_T(t) \tag{4.123}$$

$$g_2(t) = \sin\left(2\pi f_2 t\right)\operatorname{rect}_T(t) \tag{4.124}$$

avec $\operatorname{rect}_T(t) = 1$ pour $0 \leq t \leq T$, la fonction rectangle. On mesure la somme $h(t)$ de ces signaux, soit :

$$h = g_1 + g_2 \tag{4.125}$$

La transformée de Fourier de h donne alors (linéarité) :

$$H(\omega) = G_1(\omega) + G_2(\omega) \tag{4.126}$$

On donne la transformée de Fourier $G_p(\omega)$ $(p = \{1, 2\})$:

$$G_p(\omega) = \int_0^T \sin\left(2\pi f_p t\right) e^{-i\omega t} \, \mathrm{d}t = \frac{1}{2}\left[\frac{1 - e^{iT(\omega_p - \omega)}}{\omega_p - \omega} + \frac{1 - e^{-iT(\omega_p + \omega)}}{\omega_p + \omega}\right] \tag{4.127}$$

avec $\omega_p = 2\pi f_p$.

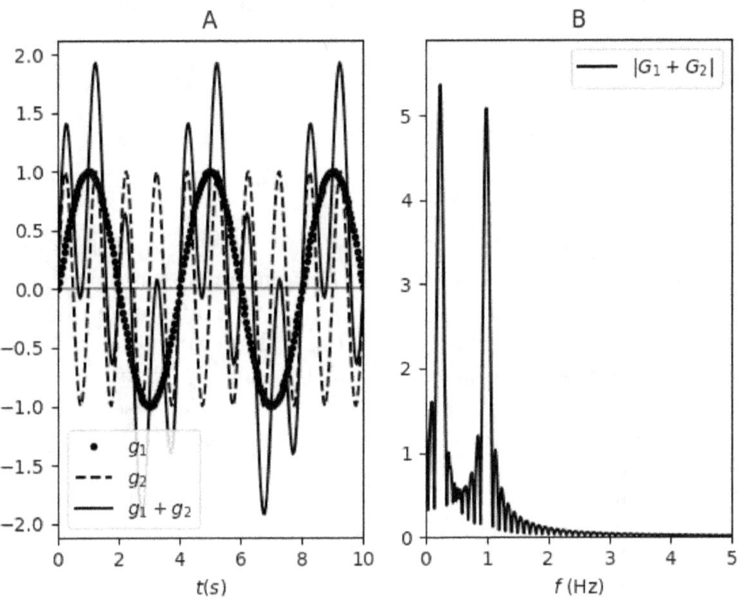

FIGURE 4.8 – En A : représentation de g_1, g_2 et $g_1 + g_2$ avec $T = 10s$, $f_1 = 0.25$ Hz et $f_2 = 1$ Hz. En B : représentation de $|G_1(\omega) + G_2(\omega)|$.

On trace g_1 (avec $f_1 = 0.25$ Hz), g_2 (avec $f_2 = 1$ Hz) et $g_1 + g_2$ sur la figure 4.8 A : on voit qu'il est difficile d'estimer le spectre du signal $g_1 + g_2$ sans avoir la connaissance de g_1 et g_2 indépendamment. C'est là qu'intervient la transformée de Fourier (on étudie son module) : sur la figure 4.8 B $|G_1(\omega) + G_2(\omega)|$ est constitué de deux pics dont l'un à 0.25 Hz et l'autre à 1 Hz qui correspondent aux fréquences f_1 et f_2 des deux sinusoïdes. La transformée de Fourier permet alors généralement "d'extraire" les fréquences d'oscillations d'une addition de signaux périodiques pour pouvoir ainsi les dissocier (comme des signaux électromagnétiques réceptionnés par une antenne par exemple).

Spectre d'un pulse Gaussien

On définit deux pulses Gaussiens :

$$g_1(t) = e^{-\left(\frac{t-t_0}{\delta_1}\right)^2} \tag{4.128}$$

$$g_2(t) = e^{-\left(\frac{t-t_0}{\delta_2}\right)^2} \tag{4.129}$$

avec δ_1 et δ_2 deux constantes proportionnelles à la largeur temporelle de chaque pulse et t_0 l'instant où le pulse est maximal. On utilise le tableau des transformées pour calculer les TF de g_1 et g_2 :

$$G_1(\omega) = \delta_1\sqrt{\pi}e^{\frac{-\omega^2\delta_1^2}{4}}e^{-i\omega t_0} \tag{4.130}$$

$$G_2(\omega) = \delta_2\sqrt{\pi}e^{\frac{-\omega^2\delta_2^2}{4}}e^{-i\omega t_0} \tag{4.131}$$

On trace g_1 et g_2 sur la figure 4.9 A (avec $\delta_1 = 0.15$ s, $\delta_2 = 1.5$ s et $t_0 = 5$ s) : on voit donc que $g_1(t)$ est dix fois moins large que $g_2(t)$. Sur la figure 4.9 B on remarque qu'à l'inverse : $|G_1(\omega)|$ est dix fois plus large que $|G_2(\omega)|$. Cette propriété de la transformée de Fourier indique une tendance observée en traitement de signal : grossièrement parlant un signal temporel "court" a un spectre "large". Un exemple concret est celui des laser ultra-rapides comme les laser femtosecondes (utilisés en micro-usinage) : le spectre en longueur d'onde du laser s'élargit au fur et à mesure que l'on raccourcit leur durée d'impulsion (effet observable en dessous d'environ 10^2 fs).

Remarque

Sur la figure 4.9 B on constate que la plage de fréquences peut être négative : il s'agit simplement d'une représentation mathématique (les pics étant symétriques, on aurait pu uniquement montrer la moitié de chaque pic en commençant à $f = 0$ Hz). La fréquence en physique est bien une grandeur positive.

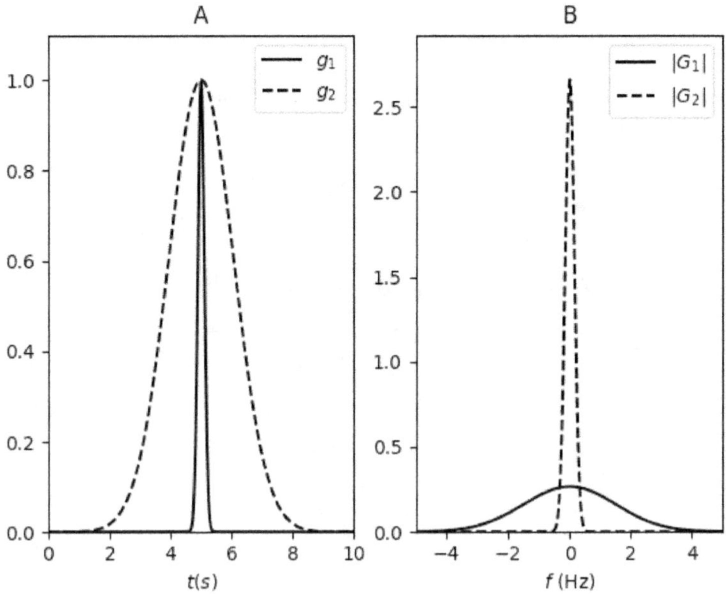

FIGURE 4.9 – En A : représentation de g_1 et g_2 avec $\delta_1 = 0.15$ s, $\delta_2 = 1.5$ s et $t_0 = 5$ s. En B : représentation de $|G_1(\omega)|$ et $|G_2(\omega)|$.

4.5.5 Fonctions périodiques : décomposition en série de Fourier

Introduction

La décomposition en série de Fourier est un outil mathématique permettant notamment de résoudre certaines équations différentielles et d'approximer des fonctions périodiques. Le concept de décomposition en série est fondamental en physique, en effet la plupart des équations différentielles partielles (équation de Laplace, équation d'Helmholtz par exemple) se résolvent analytiquement dans des repères particuliers utilisant des ensembles infinis de fonctions.

Fonction périodique

Les fonctions (continues) périodiques $f(t)$ de période T sont caractérisées par la propriété suivante :

$$f(t) = f(t + kT) \tag{4.132}$$

où k est un nombre entier relatif.

Série de Fourier

La fonction $f(t)$ est dite décomposable en série de Fourier, c'est à dire qu'elle peut s'écrire sous la forme :

$$f(t) = \frac{a_0}{2} + \sum_{k=1}^{+\infty} \left[a_k \cos\left(\frac{2\pi kt}{T}\right) + b_k \sin\left(\frac{2\pi kt}{T}\right) \right] \tag{4.133}$$

où les coefficients a_0, a_k et b_k sont donnés par les formules ($k \geq 1$) :

$$a_0 = \frac{2}{T} \int_{t_0}^{t_0+T} f(t)\,\mathrm{d}t \tag{4.134}$$

$$a_k = \frac{2}{T} \int_{t_0}^{t_0+T} \cos\left(\frac{2\pi kt}{T}\right) f(t)\,\mathrm{d}t \tag{4.135}$$

$$b_k = \frac{2}{T} \int_{t_0}^{t_0+T} \sin\left(\frac{2\pi kt}{T}\right) f(t)\,\mathrm{d}t \tag{4.136}$$

où t_0 est généralement pris à 0 (cela ne change pas la valeur de l'intégrale).

Exemple du signal créneau

Un signal créneau (souvent rencontré en électronique) d'amplitude unitaire, de période T et de largeur de pic $T/2$ peut s'écrire comme :

$$f(t) = \mathrm{sign}\left[\cos\left(\frac{2\pi t}{T}\right)\right] \tag{4.137}$$

où $\mathrm{sign}(x)$ est la fonction signe. On peut approximer cette fonction avec des fonctions élémentaires de x, uniquement sinus et cosinus, grâce à la décomposition en série de Fourier. On calcule d'abord a_k (on calcule facilement que $a_0 = 0$) :

$$a_k = \frac{2}{T} \int_0^T \mathrm{d}t\,\mathrm{sign}\left[\cos\left(\frac{2\pi t}{T}\right)\right] \cos\left(\frac{2\pi kt}{T}\right) \tag{4.138}$$

que l'on développe en :

$$a_k = \frac{2}{T} \left[\int_0^{T/4} \cos\left(\frac{2\pi kt}{T}\right) dt - \int_{T/4}^{3T/4} \cos\left(\frac{2\pi kt}{T}\right) dt + \int_{3T/4}^{T} \cos\left(\frac{2\pi kt}{T}\right) dt \right]$$

(4.139)

soit en calculant les intégrales :

$$a_k = \frac{1}{\pi k} \left[\sin\frac{\pi k}{2} - \sin\frac{3\pi k}{2} + \sin\frac{\pi k}{2} - \sin\frac{3\pi k}{2} \right]$$

(4.140)

pour aboutir à :

$$a_k = \frac{2}{\pi k} \left[\sin\frac{\pi k}{2} - \sin\frac{3\pi k}{2} \right]$$

(4.141)

Puis avec l'identité trigonométrique :

$$\sin\frac{3\pi k}{2} = \sin\left(k\pi + \frac{k\pi}{2}\right) = \sin k\pi \cos\frac{k\pi}{2} + \sin\frac{k\pi}{2}\cos k\pi = (-1)^k \sin\frac{k\pi}{2}$$

(4.142)

on obtient alors :

$$a_k = \frac{2}{\pi k} \sin\left(\frac{k\pi}{2}\right) \left(1 + (-1)^{k+1}\right)$$

(4.143)

De la même façon on calcule b_k :

$$b_k = -\frac{2}{\pi k} \cos\left(\frac{k\pi}{2}\right) \left(1 + (-1)^{k+1}\right)$$

(4.144)

La fonction créneau $f(t)$ est égale à la série de Fourier suivante :

$$f(t) = \sum_{k=1}^{+\infty} \frac{2}{\pi k} \left(1 + (-1)^{k+1}\right) \left[\sin\left(\frac{k\pi}{2}\right) \cos\left(\frac{2\pi kt}{T}\right) - \cos\left(\frac{k\pi}{2}\right) \sin\left(\frac{2\pi kt}{T}\right) \right]$$

(4.145)

Lorsqu'on utilise cette décomposition pour le calcul, on arrête la série à un rang N (au lieu de l'infini). On trace cette fonction et ses approximations pour $N = 5$ et $N = 20$ sur la figure 4.10 : on voit que l'on s'approche de la forme du créneau (ligne continue) quand on augmente le nombre N de termes de la série. Cette décomposition est aussi pratique pour exprimer, de manière analytique, d'autres fonctions comme par exemple le triangle périodique ou l'exponentielle périodique que l'on retrouve en électronique.

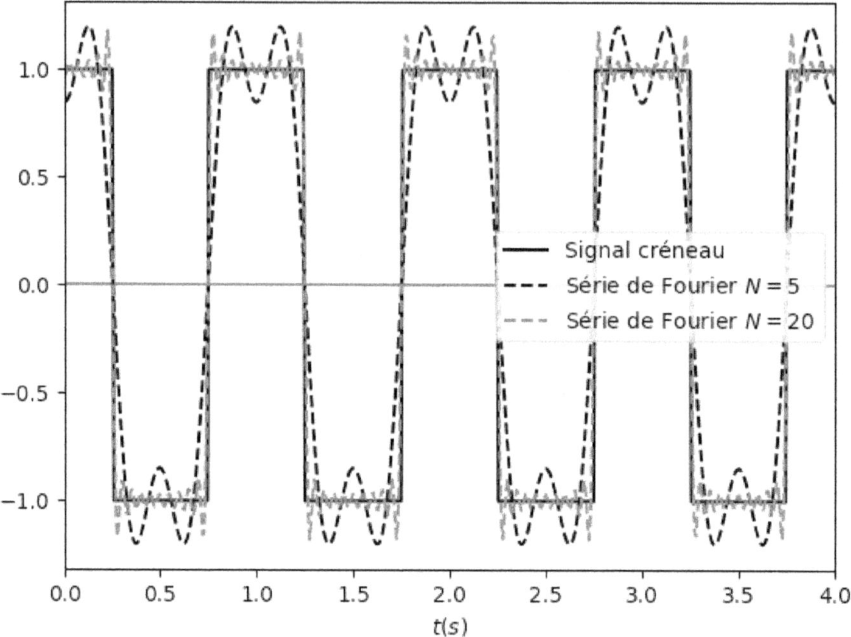

FIGURE 4.10 – Courbe d'une fonction créneau de période $T = 1$ s et approximations des séries de Fourier pour les rangs $N = 5$ et $N = 20$.

Remarque sur les décompositions en série entière

En plus de la décomposition en série de Taylor et de Fourier, il en existe d'autres qui sont utilisées en physique : comme par exemple les séries de Laplace (pour les potentiels en $1/r$ comme la gravitation et l'électrostatique) ou de Jacobi-Anger (modulation sinusoïdale de phase en électronique ou électro-optique). Le lecteur intéressé pourra se renseigner sur le concept de série de Fourier généralisée.

4.6 Transformée de Laplace

4.6.1 Introduction

En électronique, mécanique, hydraulique ou automatique, on rencontre des EDO en temps, modélisant un système dynamique du type :

$$y(t) = f(\dot{y}, \ddot{y}, ...)$$ (4.146)

avec $\dot{y} = \mathrm{d}y/\mathrm{d}t$ et $\ddot{y} = \mathrm{d}^2y/\mathrm{d}t^2$ (la notation "point" pour la dérivée temporelle est souvent utilisée en physique). Dans cette équation, $y(t)$ peut être une variable de position, de courant, de débit etc. Les équations n'étant pas toujours linéaires, on peut effectuer des développements limités de Taylor au premier ordre pour les linéariser autour d'une valeur, ou point, dit de "fonctionnement". Ainsi on peut parfois ramener, avec des approximations, une EDO non linéaire à une EDO linéaire à coefficients constants de la forme :

$$y + a_1\dot{y} + a_2\ddot{y} + ... + a_n\frac{\mathrm{d}^n}{\mathrm{d}t^n}y = z$$ (4.147)

avec $(a_1, ..., a_n)$ des constantes et $z(t)$ une fonction du temps. Ce type d'équation avec second membre, $z(t)$, se résout très facilement par l'intermédiaire d'une opération : la transformée de Laplace.

4.6.2 Définition

Pour une fonction du temps $f(t)$ la transformée de Laplace s'écrit :

$$TL(f(t)) = \int\limits_0^{+\infty} f(t)e^{-st}\,\mathrm{d}t = F(s)$$ (4.148)

où s est une variable complexe (avec une partie réelle non nulle) et est appelée variable de Laplace. De part sa définition, on voit que cette transformation est linéaire.

4.6.3 Propriété de dérivation

Lorsqu'on effectue la transformée de Laplace de $\dot{f}(t)$ on trouve par intégration par parties :

$$TL(\dot{f}(t)) = \int\limits_0^{+\infty} \dot{f}e^{-st}\,\mathrm{d}t = \left[f(t)e^{-st}\right]_0^{+\infty} + s\int\limits_0^{+\infty} f(t)e^{-st}\,\mathrm{d}t = sF(s) - f(0)$$

(4.149)

Par une relation de récurrence on peut montrer que la transformée de Laplace de la dérivée n^{ème} de $f(t)$, notée $f^{(n)}$, s'écrit :

$$TL(f^{(n)}) = s^n F(s) - \sum_{k=0}^{n-1} s^k f^{(n-1-k)}(0) \tag{4.150}$$

4.6.4 Propriété de convolution

Comme pour la transformée de Fourier, la transformée de Laplace d'un produit de convolution donne un produit. Soient $f(t)$ et $g(t)$ deux fonctions du temps, on a alors :

$$TL(f * g) = F(s)G(s) \tag{4.151}$$

4.6.5 Transformées de Laplace usuelles

On énumère quelques transformées de Laplace usuelles dans le tableau 4.9 (table complète disponible dans [5]).

$f(t)$	$F(s)$
Fonction impulsion $\delta(t)$	1
Fonction constante 1	$\frac{1}{s}$
Fonction rampe t	$\frac{1}{s^2}$
Exponentielle polynomiale $e^{at}\dfrac{t^{n-1}}{(n-1)!}$, pour $n \geq 1$	$\frac{1}{(s-a)^n}$

TABLE 4.9 – Transformées de Laplace de fonctions usuelles

4.6.6 Résolution d'EDO linéaires

On voit immédiatement que la transformée de Laplace appliquée à une EDO d'ordre n (linéaire à coefficients constants) revient à une équation polynomiale en s dans le domaine de Laplace : une résolution de ce polynôme suivie d'une transformée de Laplace inverse nous donne donc $f(t)$.

Par exemple, en reprenant l'équation 4.147, tout à fait générale, on applique la transformée de Laplace :

$$TL(y) + a_1 TL(\dot{y}) + a_2 TL(\ddot{y}) + ... + a_n TL\left(\frac{\mathrm{d}^n}{\mathrm{d}t^n}y\right) = Z(s) \tag{4.152}$$

et on suppose par simplicité (on donne les n conditions initiales) que :

$$y(0) = \dot{y}(0) = \ddot{y}(0) = ... = y^{(n)}(0) = 0 \qquad (4.153)$$

On obtient :

$$\left(1 + a_1 s + a_2 s^2 + ... + a_n s^n\right) Y(s) = Z(s) \qquad (4.154)$$

soit :

$$Y(s) = \frac{Z(s)}{1 + \sum_{k=1}^{n} a_k s^k} = Z(s)H(s) \qquad (4.155)$$

avec $H(s)$ la fonction de transfert du système (terme utilisé en électronique et automatique) :

$$H(s) = \frac{1}{1 + \sum_{k=1}^{n} a_k s^k} \qquad (4.156)$$

On note que la fonction $Z(s)$ et l'inconnue $Y(s)$ sont souvent appelées entrée et sortie d'un système en automatique.
La transformation inverse de l'équation 4.155 donne (propriété de convolution) :

$$y(t) = z(t) * TL^{-1}\left(H(s)\right)(t) = z(t) * h(t) \qquad (4.157)$$

où $h(t)$ est appelée réponse impulsionnelle du système (car si $z(t) = \delta(t)$ alors $y(t) = h(t)$). Pour calculer la transformée inverse de $H(s)$, notée $h(t)$, on utilise rarement sa définition intégrale, qui intègre sur un contour du plan complexe, mais plutôt les tables de la transformée directe. La fonction rationnelle $H(s)$ est l'inverse d'un polynôme en s qui est décomposable en éléments simples, on peut donc l'écrire de la manière suivante (voir les décompositions en éléments simples pour les fonctions rationnelles) :

$$H(s) = \frac{1}{1 + \sum_{k=1}^{n} a_k s^k} = \sum_{k=1}^{m} \frac{A_k}{(s - s_k)^{m_k}} \qquad (4.158)$$

avec m le nombre de racines différentes du polynôme, s_k une racine du polynôme $1/H(s)$, m_k l'ordre de la racine s_k et A_k le coefficient de la décomposition. En réalisant cette décomposition (différentes méthodes existent) la transformée inverse de $H(s)$ devient :

$$h(t) = \sum_{k=1}^{m} A_k TL^{-1}\left[\frac{1}{(s - s_k)^{m_k}}\right] \qquad (4.159)$$

et en utilisant la table on trouve :

$$TL^{-1}\left(\frac{1}{(s-s_k)^{m_k}}\right) = \frac{1}{(m_k-1)!}t^{m_k-1}e^{s_k t} \qquad (4.160)$$

soit :

$$h(t) = \sum_{k=1}^{m}\frac{A_k}{(m_k-1)!}t^{m_k-1}e^{s_k t} = \sum_{k=1}^{m}h_k(t) \qquad (4.161)$$

avec :

$$h_k(t) = \frac{A_k}{(m_k-1)!}t^{m_k-1}e^{s_k t} \qquad (4.162)$$

L'inconnue $y(t)$ est alors donnée par :

$$y(t) = \sum_{k=1}^{m}h_k(t) * z(t) \qquad (4.163)$$

Chapitre 5

Mathématiques avancées

5.1 Équations différentielles partielles

5.1.1 Définition

Dans l'espace des variables $u = (u_1, u_2, ..., u_n)$ on définit une équation différentielle partielle (EDP) d'ordre p de la fonction $f(u)$ (en général un champ : température, potentiel de vitesse d'un fluide etc) par :

$$F\left(u_1, ..., u_n, f, \frac{\partial f}{\partial u_1}, ..., \frac{\partial f}{\partial u_n}, \frac{\partial^2 f}{\partial u_1^2}, ..., \frac{\partial^2 f}{\partial u_1 \partial u_2}, ..., \frac{\partial^p f}{\partial u_n^p}\right) = 0 \qquad (5.1)$$

avec F une fonction. Comme les EDO, ce type d'équation est associé à des conditions aux limites. L'étude des EDP constitue un sujet crucial en physique mathématique : en effet la plupart des problèmes de physiques sont régis par des EDP, souvent linéaires mais ce n'est pas toujours le cas (notamment pour certains problèmes d'élasticité et de mécanique des fluides).

5.1.2 EDP linéaires

Définition

Une EDP linéaire d'ordre p d'une fonction $f(u)$ s'écrit sous la forme (combinaison linéaire de toutes les dérivées partielles jusqu'à l'ordre p) :

$$a_0 f + \left(a_{1,1}\frac{\partial}{\partial u_1} + ... + a_{1,n}\frac{\partial}{\partial u_n}\right) f + ...$$

$$+ \left(a_{p,1}\frac{\partial^p}{\partial u_1^p} + ... + a_{p,n}\frac{\partial^p}{\partial u_n^p} + ... + b_{p,1}\frac{\partial^{p-1}}{\partial u_1^{p-1}}\frac{\partial}{\partial u_2} + ...\right) f = g \qquad (5.2)$$

où g, $a_{i,j}$ et $b_{i,j}$ sont des fonctions de $\boldsymbol{u}$.

Méthodes de résolution des EDP linéaires

Il n'existe pas de méthode générale pour les EDP linéaires, seulement quelques unes pour des cas particuliers et cela reste un domaine difficile des mathématiques.

Méthode de séparation des variables

Soit l'EDP linéaire homogène suivante :

$$
a_0 f + \left(a_{1,1}\frac{\partial}{\partial u_1} + ... + a_{1,n}\frac{\partial}{\partial u_n} \right) f + ... \\
+ \left(a_{p,1}\frac{\partial^p}{\partial u_1^p} + ... + a_{p,n}\frac{\partial^p}{\partial u_n^p} + ... + b_{p,1}\frac{\partial^{p-1}}{\partial u_1^{p-1}}\frac{\partial}{\partial u_2} + ... \right) f = 0 \quad (5.3)
$$

La méthode de séparation des variables consiste à écrire la fonction f obéissant à cette équation en :

$$
f(\boldsymbol{u}) = \prod_{i=1}^{n} f_i(u_i) \tag{5.4}
$$

où les f_i sont les nouvelles fonctions à déterminer. De cette manière, on peut réduire l'EDP en un système de n EDO et les résoudre une par une afin de déterminer chaque fonction f_i. Selon la forme de l'équation, l'obtention du système de n EDO n'est pas toujours possible, cela dépend des cas (ou cela demande des transformations successives comme des changements de variables).

Exemple

On tente de résoudre l'équation suivante (équation de Laplace cartésienne en 2 dimensions) :

$$
\left(\frac{\partial^2}{\partial x^2} + \frac{\partial^2}{\partial y^2} \right) f(x,y) = 0 \tag{5.5}
$$

En appliquant la méthode on pose $f(x,y) = g(x)h(y)$, que l'on remplace dans l'équation pour obtenir :

$$
h(y)\frac{\partial^2}{\partial x^2}g(x) + g(x)\frac{\partial^2}{\partial y^2}h(y) = 0 \tag{5.6}
$$

et que l'on divise par hg :

$$\frac{1}{g(x)}\frac{\partial^2}{\partial x^2}g(x) + \frac{1}{h(y)}\frac{\partial^2}{\partial y^2}h(y) = 0 \tag{5.7}$$

Quand on dérive la dernière équation par x ou par y on obtient le système de 2 EDO suivant :

$$\frac{\mathrm{d}}{\mathrm{d}x}\left(\frac{1}{g(x)}\frac{\partial^2}{\partial x^2}g(x)\right) = 0 \tag{5.8}$$

$$\frac{\mathrm{d}}{\mathrm{d}y}\left(\frac{1}{h(y)}\frac{\partial^2}{\partial y^2}h(y)\right) = 0 \tag{5.9}$$

que l'on intègre en (choix du signe devant la constante selon le problème) :

$$\frac{1}{g(x)}\frac{\partial^2}{\partial x^2}g(x) = \nu^2 \tag{5.10}$$

$$\frac{1}{h(y)}\frac{\partial^2}{\partial y^2}h(y) = -\nu^2 \tag{5.11}$$

avec ν une constante à déterminer selon les conditions spécifiques au problème (symétrie, périodicité etc), incluses dans les conditions aux limites. Le couple d'équations se réécrit en :

$$\frac{\partial^2}{\partial x^2}g(x) = \nu^2 g(x) \tag{5.12}$$

$$\frac{\partial^2}{\partial y^2}h(y) = -\nu^2 h(y) \tag{5.13}$$

Les solutions générales de cette forme connue d'EDO (voir équation 4.48 avec $a_1 = 0$) s'écrivent :

$$g(x) = C_+ e^{\nu x} + C_- e^{-\nu x} \tag{5.14}$$

$$h(y) = D_+ e^{i\nu y} + D_- e^{-i\nu y} \tag{5.15}$$

avec (C_+, C_-, D_+, D_-) un quadruplet de constantes à déterminer avec les conditions aux limites.

Cas particuliers et références

La résolution analytique d'EDP linéaires est bien détaillée dans [6] où de nombreuses formes de solutions sont données et la méthode employée est précisée.

Méthodes numériques

Les EDP linéaires, pour des géométries complexes, sont résolues la plupart du temps par des méthodes numériques de type éléments finis ou éléments frontières.

5.1.3 EDP non linéaires

Les EDP non linéaires sont bien plus difficiles à résoudre que les EDP linéaires et impliquent un fort investissement en mathématiques.

Résolution analytique

Le lecteur intéressé par les solutions analytiques d'EDP non linéaires, que l'on retrouve en physique pour des problèmes plus spécifiques (problèmes d'optique impliquant des lasers à forte puissance ou problèmes d'élasticité impliquant de fortes contraintes), pourra consulter la référence [7].

Résolution numérique

Les méthodes de type éléments finis/frontières sont également utilisées pour ce type de problème avec des résolutions matricielles itératives et donc gourmandes en temps de calcul.

5.2 Distributions multidimensionnelles

5.2.1 Définition

On utilise les distributions multidimensionnelles en physique classique pour décrire généralement une densité (densité de charge, densité de masse par exemple) et elles sont aussi utilisées en mécanique quantique pour décrire des fonctions d'ondes de particules. Nous allons donner une définition, peu rigoureuse mais suffisante pour les calculs, d'une distribution à n dimensions puis aux cas particuliers qui nous intéressent : $n = 1, 2, 3$.

Soit la variable $\boldsymbol{u} = (u_1, u_2, ..., u_n)$ (réels) de dimension n. Dans cet espace, on écrit l'élément de volume (ou d'hyper-volume) infinitésimal $\mathrm{d}^n u$ défini par :

$$\mathrm{d}^n u = \prod_{i=1}^{n} h_i \, \mathrm{d}u_i \tag{5.16}$$

avec h_i les facteurs d'échelles. Une fonction $f(\boldsymbol{u})$ est une distribution si elle a les propriétés suivantes :

$$\int f(\boldsymbol{u}) \, \mathrm{d}^n u = 1 \tag{5.17}$$

$$f(\boldsymbol{u}) \geq 0 \tag{5.18}$$

Une dimension

En une dimension, on parle de distribution linéique, la distribution $f(\boldsymbol{l}) > 0$ sur un contour C est définie par :

$$\int_C f(\boldsymbol{l}) \, \mathrm{d}l = 1 \tag{5.19}$$

Exemple

La masse linéique $\lambda(\boldsymbol{l})$ d'une corde de masse m et de longueur L peut être représentée par une distribution linéique définie par :

$$\int_{\text{corde}} \lambda(\boldsymbol{l}) \, \mathrm{d}l = m \tag{5.20}$$

Deux dimensions

En deux dimensions, la distribution surfacique $f(\boldsymbol{\rho})$ (> 0) est définie sur une surface S par :

$$\iint\limits_{S} f(\boldsymbol{\rho})\,\mathrm{d}S = 1 \qquad (5.21)$$

Exemple

En électrostatique, une plaque d'aire S et de charge électrique Q, peut-être décrite par une distribution surfacique de charges $\sigma(\boldsymbol{\rho})$ définie par :

$$\iint\limits_{S} \sigma(\boldsymbol{\rho})\,\mathrm{d}S = Q \qquad (5.22)$$

Trois dimensions

En trois dimensions, on parle de distribution volumique ou de densité. On définit la densité $f(\boldsymbol{r})$ sur un volume V par l'équation :

$$\iiint\limits_{V} f(\boldsymbol{r})\,\mathrm{d}^3 r = 1 \qquad (5.23)$$

Exemple

Le nombre de particules de gaz N dans un espace fermé de volume V peut être décrit par une densité de particules $n(\boldsymbol{r})$ définie par :

$$\iiint\limits_{V} n(\boldsymbol{r})\,\mathrm{d}^3 r = N \qquad (5.24)$$

5.2.2 Distribution de Dirac

Définition

La fonction de Dirac de dimension n est définie par :

$$\delta(\boldsymbol{u}) = +\infty, \quad \boldsymbol{u} = \boldsymbol{0} \qquad (5.25)$$
$$\delta(\boldsymbol{u}) = 0, \quad \boldsymbol{u} \neq \boldsymbol{0} \qquad (5.26)$$

En tant que distribution, elle satisfait la propriété :

$$\int \delta(\boldsymbol{u})\,\mathrm{d}^n u = 1 \qquad (5.27)$$

On peut écrire la distribution de Dirac de dimensions n comme le produit des distributions de Dirac de chaque variable u_i, noté $\delta(u_i)$, par la formule suivante (utilisant les facteurs d'échelles) :

$$\delta(\boldsymbol{u}) = \prod_{i=1}^{n} \frac{\delta(u_i)}{h_i} \tag{5.28}$$

avec :

$$\int_{-\infty}^{+\infty} \delta(u_i)\,\mathrm{d}u_i = 1 \tag{5.29}$$

Quelques propriétés

Pour une fonction $f(\boldsymbol{u})$ bien définie en $\boldsymbol{u} = \boldsymbol{u_0}$ on a :

$$f(\boldsymbol{u})\delta(\boldsymbol{u} - \boldsymbol{u_0}) = f(\boldsymbol{u_0})\delta(\boldsymbol{u} - \boldsymbol{u_0}) \tag{5.30}$$

ainsi que :

$$\int \mathrm{d}^n u\, \delta(\boldsymbol{u} - \boldsymbol{u_0}) f(\boldsymbol{u}) = f(\boldsymbol{u_0}) \tag{5.31}$$

Cette dernière propriété va permettre de simplifier considérablement certaines intégrales en plusieurs dimensions, qui apparaissent notamment dans l'étude des champs (par exemple en électromagnétisme et en acoustique).

Une dimension

La distribution de Dirac 1D $\delta(\boldsymbol{l})$ peut s'écrire sur un contour quelconque (la ligne x, l'axe temporel t, le périmètre d'un cercle etc). Ainsi sur un contour on a :

$$\int \delta(\boldsymbol{l})\,\mathrm{d}l = 1 \tag{5.32}$$

Exemple

Un courant électrique impulsionnel $I(t)$ peut être modélisé par :

$$I(t) = Q\delta(t) \tag{5.33}$$

où Q est une charge.

Deux dimensions

La distribution 2D $\delta(\boldsymbol{\rho})$ (dimension de l'inverse d'une surface) est définie par :

$$\iint \delta(\boldsymbol{\rho})\,\mathrm{d}S = 1 \tag{5.34}$$

Elle s'écrit en coordonnées polaires et en cartésiennes :

$$\delta(\boldsymbol{\rho}) = \frac{\delta(\rho)\delta(\varphi)}{\rho} = \delta(x)\delta(y) \tag{5.35}$$

Exemple

Un courant I se déplaçant dans un fil rectiligne, de section infiniment fine (fil très fin), et orientée selon $\boldsymbol{e_z}$ a une distribution de courant $\boldsymbol{j}$ qui peut s'écrire :

$$\boldsymbol{j} = I\delta(\boldsymbol{\rho})\boldsymbol{e_z} \tag{5.36}$$

Trois dimensions

En 3D la distribution $\delta(\boldsymbol{r})$ (dimension de l'inverse d'un volume) est définie par :

$$\iiint \delta(\boldsymbol{r})\,\mathrm{d}^3 r = 1 \tag{5.37}$$

Elle s'écrit en repère cartésien, cylindrique et sphérique :

$$\delta(\boldsymbol{r}) = \delta(x)\delta(y)\delta(z) = \frac{\delta(\rho)\delta(\varphi)\delta(z)}{\rho} = \frac{\delta(r)\delta(\theta)\delta(\varphi)}{r^2 \sin(\theta)} \tag{5.38}$$

Exemple

En électrostatique, la densité de charges $\eta(\boldsymbol{r})$ d'une particule chargée q, placée à l'origine, peut se modéliser par :

$$\eta(\boldsymbol{r}) = q\delta(\boldsymbol{r}) \tag{5.39}$$

5.3 Fonctions de Green

5.3.1 Introduction

Certaines équations différentielles linéaires peuvent s'écrire dans un espace de n dimensions telles que :

$$\widehat{L}_{\boldsymbol{u}} f(\boldsymbol{u}) = h(\boldsymbol{u}) \tag{5.40}$$

avec $f(\boldsymbol{u})$ la fonction à déterminer, $\boldsymbol{u} = (u_1, u_2, ..., u_n)$, $h(\boldsymbol{u})$ une fonction connue, appelée parfois source de f, et $\widehat{L}_{\boldsymbol{u}}$ un opérateur linéaire et invariant par translation, soit :

$$\widehat{L}_{\boldsymbol{u}} \left(a_1 f_1(\boldsymbol{u}) + a_2 f_2(\boldsymbol{u}) \right) = a_1 \widehat{L}_{\boldsymbol{u}} f_1(\boldsymbol{u}) + a_2 \widehat{L}_{\boldsymbol{u}} f_2(\boldsymbol{u}) \tag{5.41}$$

$$\widehat{L}_{\boldsymbol{u}+\boldsymbol{v}} = \widehat{L}_{\boldsymbol{u}} \tag{5.42}$$

avec (f_1, f_2) deux fonctions de $\boldsymbol{u}$, (a_1, a_2) deux constantes et $\boldsymbol{v} = (v_1, v_2, ..., v_n)$. Par exemple, pour deux opérateurs linéaires $\widehat{A}_x$ et $\widehat{B}_{x,y}$ définis par :

$$\widehat{A}_x = 2 + x \frac{\mathrm{d}}{\mathrm{d}x} \tag{5.43}$$

$$\widehat{B}_{x,y} = \frac{\partial}{\partial x} + \frac{\partial}{\partial y} \tag{5.44}$$

on a :

$$\widehat{A}_{x+x'} = 2 + (x + x') \frac{\mathrm{d}}{\mathrm{d}(x + x')} = 2 + (x + x') \frac{\mathrm{d}}{\mathrm{d}x} \neq \widehat{A}_x \tag{5.45}$$

$$\widehat{B}_{x+x',y+y'} = \frac{\partial}{\partial(x + x')} + \frac{\partial}{\partial(y + y')} = \frac{\partial}{\partial x} + \frac{\partial}{\partial y} = \widehat{B}_{x,y} \tag{5.46}$$

$$\tag{5.47}$$

Seul $\widehat{B}_{x,y}$ est invariant par translation.

5.3.2 Définition

Afin d'apporter une solution à l'équation 5.40, considérons une fonction $g(\boldsymbol{u})$, appelée fonction de Green, solution de l'équation suivante :

$$\widehat{L}_{\boldsymbol{u}} g(\boldsymbol{u}) = \delta(\boldsymbol{u}) \tag{5.48}$$

Appliquons maintenant une translation $\boldsymbol{u} \to \boldsymbol{u} - \boldsymbol{u}'$ à cette dernière équation, on obtient :

$$\widehat{L}_{\boldsymbol{u}-\boldsymbol{u}'}g(\boldsymbol{u}-\boldsymbol{u}') = \delta(\boldsymbol{u}-\boldsymbol{u}') \tag{5.49}$$

L'invariance par translation de $\widehat{L}_{\boldsymbol{u}}$ nous permet d'écrire :

$$\widehat{L}_{\boldsymbol{u}}g(\boldsymbol{u}-\boldsymbol{u}') = \delta(\boldsymbol{u}-\boldsymbol{u}') \tag{5.50}$$

On multiplie cette dernière équation par $h(\boldsymbol{u}')$, ce qui donne :

$$\widehat{L}_{\boldsymbol{u}}g(\boldsymbol{u}-\boldsymbol{u}')h(\boldsymbol{u}') = \delta(\boldsymbol{u}-\boldsymbol{u}')h(\boldsymbol{u}') \tag{5.51}$$

Enfin on l'intègre sur le domaine Ω_s de la fonction $h(\boldsymbol{u}')$:

$$\int_{\Omega_s} \widehat{L}_{\boldsymbol{u}}g(\boldsymbol{u}-\boldsymbol{u}')h(\boldsymbol{u})\,\mathrm{d}^n u' = \int_{\Omega_s} \delta(\boldsymbol{u}-\boldsymbol{u}')h(\boldsymbol{u}')\,\mathrm{d}^n u' \tag{5.52}$$

Grâce aux propriétés de la fonction de Dirac on a :

$$\int_{\Omega_s} \delta(\boldsymbol{u}-\boldsymbol{u}')h(\boldsymbol{u}')\,\mathrm{d}^n u' = h(\boldsymbol{u})\int_{\Omega_s} \delta(\boldsymbol{u}-\boldsymbol{u}')\,\mathrm{d}^n u' = h(\boldsymbol{u}) \tag{5.53}$$

L'opérateur $\widehat{L}_{\boldsymbol{u}}$ n'agissant que sur la coordonnée $\boldsymbol{u}$ on peut le sortir de l'intégrale pour obtenir :

$$\widehat{L}_{\boldsymbol{u}}\int_{\Omega_s} g(\boldsymbol{u}-\boldsymbol{u}')h(\boldsymbol{u}')\,\mathrm{d}^n u' = h(\boldsymbol{u}) \tag{5.54}$$

Par identification avec l'équation 5.40, on écrit la solution (sans condition aux limites) :

$$f(\boldsymbol{u}) = \int_{\Omega_s} g(\boldsymbol{u}-\boldsymbol{u}')h(\boldsymbol{u}')\,\mathrm{d}^n u' \tag{5.55}$$

En physique on rencontre ce type d'équation où $f(\boldsymbol{u})$ représente un champ (comme un champ électrostatique) et $h(\boldsymbol{u})$ la source de ce champ (comme une distribution de charge). Physiquement parlant, quand $\boldsymbol{u} = \boldsymbol{r}$ (le vecteur position), un observateur placé en $\boldsymbol{r}$ subit le champ $f(\boldsymbol{r})$ créé par la source étendue $h(\boldsymbol{r}')$ placée en $\boldsymbol{r}'$ et délimitée par le domaine Ω_s, comme sur le schéma de la figure 5.1.

Remarque

Les solutions aux équations différentielles présentées ici sont valables en espace libre, c'est à dire sans conditions aux bords. Nous allons passer en revue quelques exemples très utilisés en physique.

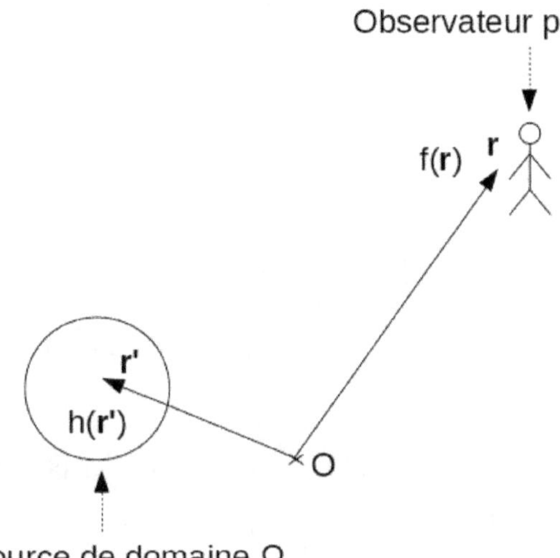

FIGURE 5.1 – Schéma représentant une source $h(r')$ à la position r' produisant un champ $f(r)$ en r, en espace libre. L'origine des coordonnées est indiquée par le point O.

5.3.3   Dimension un

Soit une équation de la variable temporelle $t \geq 0$ (comme une équation modélisant la dynamique d'un système) du type :

$$\widehat{L}_t f(t) = h(t) \tag{5.56}$$

avec $\widehat{L}_t$ un opérateur linéaire et invariant par translation, $h(t)$ une fonction connue et $f(t)$ la fonction à déterminer. On définit la fonction de Green $g(t)$ de l'équation 5.56 par :

$$\widehat{L}_t g(t) = \delta(t) \tag{5.57}$$

La solution générale de $f(t)$ (sans condition aux limites) s'écrit alors d'après l'équation 5.55 (le domaine de définition de $h(t')$ est : $0 \leq t' \leq t$) :

$$f(t) = \int_0^t g(t - t')h(t')\,\mathrm{d}t' \tag{5.58}$$

On reconnaît ici une forme proche du produit de convolution (défini en 4.116). Ce cas particulier de la dimension 1 est utilisé en traitement du signal

pour la théorie des filtres linéaires invariants dans le temps.
Nous allons présenter les fonctions de Green de différents opérateurs $\widehat{L_t}$ souvent rencontrés.

Cas $\widehat{L_t} = \frac{\mathrm{d}}{\mathrm{d}t} + \frac{1}{\tau}$

Soit l'équation :

$$\left(\frac{\mathrm{d}}{\mathrm{d}t} + \frac{1}{\tau}\right) g(t) = \delta(t) \tag{5.59}$$

avec τ une constante réelle. Dans ce cas $g(t)$ est donnée par :

$$g(t) = U(t)e^{-\frac{t}{\tau}} \tag{5.60}$$

avec $U(t)$ la fonction échelon de Heaviside ($U(t) = 1$ pour $t \geq 0$, 0 sinon) avec comme principale propriété :

$$\frac{\mathrm{d}U(t)}{\mathrm{d}t} = \delta(t) \tag{5.61}$$

Exemple

L'équation de la tension de sortie d'un filtre RC série (résistance électrique et condensateur placés en série) soumis à une tension d'entrée sinusoïdale $U_0 \sin(\omega_0 t)$ s'écrit avec sa condition initiale (condensateur déchargé) :

$$\left(\frac{\mathrm{d}}{\mathrm{d}t} + \frac{1}{RC}\right) u_c(t) = \frac{U_0}{RC} \sin \omega_0 t \tag{5.62}$$

$$u_c(0) = 0 \tag{5.63}$$

La fonction de Green correspondante vaut (équation 5.60) :

$$g(t) = U(t)e^{-\frac{t}{RC}} \tag{5.64}$$

et u_c est donnée par l'intégrale :

$$u_c(t) = \int_0^t U(t - t')e^{-\frac{t-t'}{RC}} \frac{U_0}{RC} \sin \omega_0 t' \, \mathrm{d}t' = \frac{U_0 e^{-\frac{t}{RC}}}{RC} \int_0^t e^{\frac{t'}{RC}} \sin \omega_0 t' \, \mathrm{d}t' \tag{5.65}$$

On trouve alors (intégration par partie) :

$$u_c(t) = \frac{U_0}{\left(\omega_0 \tau_c\right)^2 + 1} \left(\sin \omega_0 t - \omega_0 \tau_c \cos \omega_0 t + \omega_0 \tau_c e^{-\frac{t}{\tau_c}}\right) \tag{5.66}$$

avec $\tau_c = RC$.

Cas de l'oscillateur amorti $\widehat{L}_t = \frac{\mathrm{d}^2}{\mathrm{d}t^2} + \frac{2}{\tau}\frac{\mathrm{d}}{\mathrm{d}t} + \omega_0^2$

Soit l'équation :

$$\left(\frac{\mathrm{d}^2}{\mathrm{d}t^2} + \frac{2}{\tau}\frac{\mathrm{d}}{\mathrm{d}t} + \omega_0^2\right) g(t) = \delta(t) \tag{5.67}$$

La solution générale est donnée par :

$$g(t) = U(t)\frac{\sin(\omega_1 t)}{\omega_1} e^{-\frac{t}{\tau}} \tag{5.68}$$

avec $\omega_1 = \sqrt{w_0^2 - 1/\tau^2}$ et $U(t)$ la fonction échelon de Heaviside.

5.3.4 Dimension deux

Nous nous contenterons de présenter ici l'exemple de la fonction de Poisson en deux dimensions que l'on retrouve en électrostatique, magnétostatique et pour des cas particuliers de l'équation de diffusion (thermique, de charges dans des semi-conducteurs).

Cas de l'équation de Poisson

En deux dimensions l'équation de Poisson s'écrit :

$$\Delta_\rho f(\boldsymbol{\rho}) = h(\boldsymbol{\rho}) \tag{5.69}$$

avec $\boldsymbol{\rho}$ le vecteur position du plan, Δ_ρ le Laplacien 2D, $h(\boldsymbol{\rho})$ une fonction connue (ou fonction "source") et $f(\boldsymbol{\rho})$ la fonction à déterminer. On définit la fonction de Green $g(\boldsymbol{\rho})$ de l'équation 5.69 par :

$$\Delta_\rho g(\boldsymbol{\rho}) = \delta(\boldsymbol{\rho}) \tag{5.70}$$

La charge ponctuelle représentée par $\delta(\boldsymbol{\rho})$, symétrique pour toute rotation d'angle φ, indique que la fonction de Green ne dépend que de la coordonnée ρ (rayon polaire : $\rho = \|\boldsymbol{\rho}\|$), on a alors :

$$g(\boldsymbol{\rho}) = g(\rho) \tag{5.71}$$

L'équation 5.70 s'écrit donc en coordonnées polaires :

$$\frac{1}{\rho}\frac{\partial}{\partial\rho}\left(\rho\frac{\partial g}{\partial\rho}\right) = \delta(\boldsymbol{\rho}) = \frac{\delta(\rho)\delta(\varphi)}{\rho} \tag{5.72}$$

En multipliant par ρ et intégrant sur φ on obtient :

$$2\pi\frac{\partial}{\partial\rho}\left(\rho\frac{\partial g}{\partial\rho}\right) = \delta(\rho) \tag{5.73}$$

puis on intègre sur ρ de 0 à ρ :

$$2\pi \int_0^{\rho} \frac{\partial}{\partial \rho'} \left(\rho' \frac{\partial g}{\partial \rho'} \right) \mathrm{d}\rho' = \int_0^{\rho} \delta(\rho') \, \mathrm{d}\rho' = 1 \tag{5.74}$$

On intègre à gauche :

$$2\pi \left(\rho \frac{\partial g}{\partial \rho} - A \right) = 1 \tag{5.75}$$

Avec A une constante. On réécrit la dernière équation :

$$\frac{\partial g}{\partial \rho} = \frac{1}{\rho} \left(\frac{1}{2\pi} + A \right) \tag{5.76}$$

et en intégrant :

$$g(\rho) = \ln \rho \left(\frac{1}{2\pi} + A \right) + B \tag{5.77}$$

avec B une constante. Les constantes A et B valent généralement 0 pour les problèmes de physique. On obtient finalement la fonction de Green du Laplacien 2D :

$$g(\boldsymbol{\rho}) = \frac{\ln \rho}{2\pi} \tag{5.78}$$

5.3.5   Dimension trois

Nous présenterons ici l'équation de Poisson en trois dimensions et l'équation d'Helmholtz permettant de décrire des problèmes d'acoustique et d'optique ondulatoire.

Cas de l'équation de Poisson

En trois dimensions l'équation de Poisson s'écrit :

$$\Delta_{\boldsymbol{r}} f(\boldsymbol{r}) = h(\boldsymbol{r}) \tag{5.79}$$

La fonction de Green de l'équation de Poisson 3D $g(\boldsymbol{r})$ satisfait :

$$\Delta_{\boldsymbol{r}} g(\boldsymbol{r}) = \delta(\boldsymbol{r}) \tag{5.80}$$

La distribution de Dirac 3D $\delta(\boldsymbol{r})$ possédant une symétrie sphérique (ne dépendant que du rayon r), on en convient que $g(\boldsymbol{r})$ aussi :

$$g(\boldsymbol{r}) = g(r) \tag{5.81}$$

Ainsi le Laplacien est seulement radial et l'équation se réécrit en :

$$\frac{1}{r^2}\frac{\partial}{\partial r}\left(r^2\frac{\partial g}{\partial r}\right) = \delta(\boldsymbol{r}) = \frac{\delta(r)\delta(\theta)\delta(\varphi)}{r^2\sin(\theta)} \tag{5.82}$$

En multipliant par $r^2\sin\theta\,\mathrm{d}\theta\,\mathrm{d}\varphi$ et en intégrant sur les domaines de θ et φ on obtient :

$$4\pi\frac{\partial}{\partial r}\left(r^2\frac{\partial g}{\partial r}\right) = \delta(r)\int_0^\pi \delta(\theta)\,\mathrm{d}\theta\int_0^{2\pi}\delta(\varphi)\,\mathrm{d}\varphi = \delta(r) \tag{5.83}$$

L'intégration sur r donne :

$$4\pi\int_0^r \frac{\partial}{\partial r'}\left(r'^2\frac{\partial g}{\partial r'}\right)\mathrm{d}r' = \int_0^r \delta(r')\,\mathrm{d}r' = 1 \tag{5.84}$$

Soit :

$$4\pi\left(r^2\frac{\partial g}{\partial r} - A\right) = 1 \tag{5.85}$$

avec A une constante. On obtient alors :

$$\frac{\partial g}{\partial r} = \frac{1}{r^2}\left(\frac{1}{4\pi} + A\right) \tag{5.86}$$

En intégrant l'équation on obtient :

$$g(r) = \frac{-1}{r}\left(\frac{1}{4\pi} + A\right) + B \tag{5.87}$$

Les constantes A et B sont généralement prises à 0 en physique. on obtient la fonction de Green de l'opérateur Laplacien 3D :

$$g(\boldsymbol{r}) = -\frac{1}{4\pi r} \tag{5.88}$$

Exemple

En électrostatique, le potentiel électrique $V(\boldsymbol{r})$ créé par une charge ponctuelle (comme un électron par exemple) obéit à une équation de Poisson :

$$\Delta V(\boldsymbol{r}) = -\frac{q\delta(\boldsymbol{r})}{\epsilon_0} \tag{5.89}$$

avec q la charge électrique et ϵ_0 la permittivité du vide. Pour calculer V on utilise la formulation avec la fonction de Green de l'équation de Poisson pour écrire :

$$V(\boldsymbol{r}) = - \iiint_{\text{charge}} g(\boldsymbol{r} - \boldsymbol{r}')\frac{q\delta(\boldsymbol{r}')}{\epsilon_0}\, \mathrm{d}^3 r' \tag{5.90}$$

soit (propriété de la distribution de Dirac) :

$$V(\boldsymbol{r}) = -g(\boldsymbol{r})\frac{q}{\epsilon_0} = \frac{q}{4\pi\epsilon_0 r} \tag{5.91}$$

On retrouve alors la loi de Coulomb de l'électrostatique.

Cas de l'équation d'Helmholtz

Nous n'allons pas démontrer le résultat suivant mais le lecteur peut le faire en effectuant la même méthode d'intégration que précédemment.
Soit l'équation d'Helmholtz 3D :

$$\left(\Delta_{\boldsymbol{r}} + k^2\right) f(\boldsymbol{r}) = h(\boldsymbol{r}) \tag{5.92}$$

avec k une constante (dans le cas de l'équation d'onde il s'agit de la norme du vecteur d'onde). La fonction de Green $g(\boldsymbol{r})$ associée à l'équation 5.92 s'écrit :

$$\left(\Delta_{\boldsymbol{r}} + k^2\right) g(\boldsymbol{r}) = \delta(\boldsymbol{r}) \tag{5.93}$$

soit (symétrie sphérique : $g(\boldsymbol{r}) = g(r)$) :

$$\frac{1}{r^2}\frac{\partial}{\partial r}\left(r^2\frac{\partial g}{\partial r}\right) + k^2 g = \frac{\delta(r)\delta(\theta)\delta(\varphi)}{r^2 \sin(\theta)} \tag{5.94}$$

puis en multipliant par $r^2 \sin\theta\, \mathrm{d}\theta\, \mathrm{d}\varphi$ et en intégrant sur les 2 angles, on obtient l'équation :

$$\frac{\partial}{\partial r}\left(r^2\frac{\partial g}{\partial r}\right) + k^2 r^2 g(r) = \frac{\delta(r)}{4\pi} \tag{5.95}$$

Après calcul (on pose $g(r) = u(r)/r$ et on calcule u), la fonction de Green s'écrit :

$$g(\boldsymbol{r}) = -\frac{e^{\pm ikr}}{4\pi r} \tag{5.96}$$

Remarque

Le signe $+/-$ dans l'exponentiel de la fonction de Green correspond physiquement à une onde sphérique sortante/entrante.

Cas de l'équation de d'Alembert

L'équation de d'Alembert , appelée aussi équation d'onde scalaire, est définie par :

$$\left(\frac{1}{v^2} \frac{\partial^2}{\partial t^2} - \Delta \right) f(\boldsymbol{r}, t) = h(\boldsymbol{r}, t) \tag{5.97}$$

avec v une constante homogène à une vitesse (la vitesse de propagation de l'onde dans le milieu étudié). La fonction de Green associée satisfait l'équation :

$$\left(\frac{1}{v^2} \frac{\partial^2}{\partial t^2} - \Delta \right) g(\boldsymbol{r}, t) = \delta(\boldsymbol{r})\delta(t) \tag{5.98}$$

Pour calculer $g(\boldsymbol{r}, t)$ on applique la transformée de Fourier temporelle à l'équation pour obtenir :

$$-\left(\frac{\omega^2}{v^2} + \Delta \right) G(\boldsymbol{r}, \omega) = \delta(\boldsymbol{r}) \tag{5.99}$$

On reconnaît ici l'opposée de la fonction de Green de l'équation d'Helmholtz 5.93 (qui est la même équation mais dans le domaine fréquentiel), soit :

$$G(\boldsymbol{r}, \omega) = \frac{e^{\pm ikr}}{4\pi r} \tag{5.100}$$

avec $k = \omega/v$. On applique la TF inverse pour obtenir :

$$g(\boldsymbol{r}, t) = \mathrm{TF}^{-1}\left(G \right) = \frac{1}{4\pi r} \mathrm{TF}^{-1}\left(e^{\pm i\omega \frac{r}{v}} \right) \tag{5.101}$$

soit :

$$g(\boldsymbol{r}, t) = \frac{\delta\left(t \mp \frac{r}{v} \right)}{4\pi r} \tag{5.102}$$

5.4 Fonctions de Green matricielles

5.4.1 Définition

Soit l'EDP vectorielle suivante :

$$\widehat{\boldsymbol{L}}_{\boldsymbol{u}} \boldsymbol{f}(\boldsymbol{u}) = \boldsymbol{h}(\boldsymbol{u}) \tag{5.103}$$

où $\boldsymbol{u} = (u_1, ..., u_n)$, $\boldsymbol{f} = (f_1, ..., f_n)$ (l'inconnue du système), $\boldsymbol{h} = (h_1, ..., h_n)$ et $\widehat{\boldsymbol{L}}_{\boldsymbol{u}}$ est une matrice carrée d'opérateurs de taille n invariante par translation. La matrice $\widehat{G}(\boldsymbol{u})$, appelée matrice (ou tenseur) de Green du système, est définie par :

$$\widehat{\boldsymbol{L}}_{\boldsymbol{u}} \widehat{G}(\boldsymbol{u}) = \delta(\boldsymbol{u}) \widehat{\mathbb{1}} \tag{5.104}$$

où $\widehat{\mathbb{1}}$ est la matrice identité de taille n. Lorsqu'on applique la transformation $\boldsymbol{u} \to \boldsymbol{u} - \boldsymbol{u}'$ et que l'on multiplie à droite par $\boldsymbol{h}(\boldsymbol{u}')$ on obtient :

$$\widehat{\boldsymbol{L}}_{\boldsymbol{u}} \widehat{G}(\boldsymbol{u} - \boldsymbol{u}') \boldsymbol{h}(\boldsymbol{u}') = \delta(\boldsymbol{u} - \boldsymbol{u}') \boldsymbol{h}(\boldsymbol{u}') \tag{5.105}$$

On intègre cette dernière équation sur le domaine Ω_s de la fonction source $\boldsymbol{h}(\boldsymbol{u}')$ pour obtenir :

$$\int_{\Omega_s} \widehat{\boldsymbol{L}}_{\boldsymbol{u}} \widehat{G}(\boldsymbol{u} - \boldsymbol{u}') \boldsymbol{h}(\boldsymbol{u}') \, \mathrm{d}^n u' = \int_{\Omega_s} \delta(\boldsymbol{u} - \boldsymbol{u}') \boldsymbol{h}(\boldsymbol{u}') \, \mathrm{d}^n u' = \boldsymbol{h}(\boldsymbol{u}) \tag{5.106}$$

que l'on réécrit en :

$$\widehat{\boldsymbol{L}}_{\boldsymbol{u}} \int_{\Omega_s} \widehat{G}(\boldsymbol{u} - \boldsymbol{u}') \boldsymbol{h}(\boldsymbol{u}') \, \mathrm{d}^n u' = \boldsymbol{h}(\boldsymbol{u}) \tag{5.107}$$

Par identification avec l'équation 5.103, on obtient :

$$\boldsymbol{f}(\boldsymbol{u}) = \int_{\Omega_s} \widehat{G}(\boldsymbol{u} - \boldsymbol{u}') \boldsymbol{h}(\boldsymbol{u}') \, \mathrm{d}^n u' \tag{5.108}$$

Nous allons par la suite donner quelques cas usuels en 3 dimensions.

5.4.2 Dimension trois

Cas de l'équation d'Helmholtz vectorielle

Soit l'équation d'Helmholtz vectorielle appliquée au vecteur $\boldsymbol{f}$ (où le vecteur $\boldsymbol{h}$ est une source connue) :

$$\left(\widehat{\Delta} + k^2 \widehat{\mathbb{1}} \right) \boldsymbol{f}(\boldsymbol{r}) = \boldsymbol{h}(\boldsymbol{r}) \tag{5.109}$$

On réécrit cette équation sous forme matricielle en coordonnées cartésiennes :

$$\begin{pmatrix} \Delta + k^2 & 0 & 0 \\ 0 & \Delta + k^2 & 0 \\ 0 & 0 & \Delta + k^2 \end{pmatrix} \begin{pmatrix} f_x \\ f_y \\ f_z \end{pmatrix} = \begin{pmatrix} h_x \\ h_y \\ h_z \end{pmatrix} \tag{5.110}$$

On se retrouve avec 3 équations d'Helmholtz scalaire que l'on résout immédiatement grâce à l'équation 5.96 :

$$f_x(\boldsymbol{r}) = - \iiint \mathrm{d}^3 r' \, \frac{e^{\pm ik\|\boldsymbol{r}-\boldsymbol{r}'\|}}{4\pi\|\boldsymbol{r}-\boldsymbol{r}'\|} h_x(\boldsymbol{r}') \tag{5.111}$$

$$f_y(\boldsymbol{r}) = - \iiint \mathrm{d}^3 r' \, \frac{e^{\pm ik\|\boldsymbol{r}-\boldsymbol{r}'\|}}{4\pi\|\boldsymbol{r}-\boldsymbol{r}'\|} h_y(\boldsymbol{r}') \tag{5.112}$$

$$f_z(\boldsymbol{r}) = - \iiint \mathrm{d}^3 r' \, \frac{e^{\pm ik\|\boldsymbol{r}-\boldsymbol{r}'\|}}{4\pi\|\boldsymbol{r}-\boldsymbol{r}'\|} h_z(\boldsymbol{r}') \tag{5.113}$$

soit :

$$\boldsymbol{f}(\boldsymbol{r}) = - \iiint \mathrm{d}^3 r' \, \frac{e^{\pm ik\|\boldsymbol{r}-\boldsymbol{r}'\|}}{4\pi\|\boldsymbol{r}-\boldsymbol{r}'\|} \boldsymbol{h}(\boldsymbol{r}') \tag{5.114}$$

À partir de ces 3 dernières équations on peut calculer directement chaque composante de $\boldsymbol{f}$ ou bien passer par la matrice de Green. Nous voulons donc pour cette démonstration déterminer la matrice de Green $\widehat{G}(\boldsymbol{r})$ du système définie par :

$$\boldsymbol{f}(\boldsymbol{r}) = \iiint \mathrm{d}^3 r' \, \widehat{G}(\boldsymbol{r}-\boldsymbol{r}') \boldsymbol{h}(\boldsymbol{r}') \tag{5.115}$$

et obéissant à l'équation :

$$\left(\widehat{\Delta} + k^2 \widehat{\mathbb{1}} \right) \widehat{G}(\boldsymbol{r}) = \widehat{\mathbb{1}} \delta(\boldsymbol{r}) \tag{5.116}$$

Grâce aux équations 5.111, 5.112 et 5.113, on identifie la matrice de Green à :

$$\widehat{G}(\boldsymbol{r}) = - \frac{\widehat{\mathbb{1}} e^{\pm ikr}}{4\pi r} \tag{5.117}$$

La matrice de Green de l'équation d'Helmholtz vectorielle est un outil fondamental pour l'électromagnétisme (pour calculer le potentiel vecteur magnétique du rayonnement d'une antenne ou d'un dipôle par exemple).

Cas de l'équation de Poisson vectorielle

L'équation de Poisson vectorielle est un cas particulier de l'équation d'Helmholtz vectorielle avec $k = 0$ soit :

$$\widehat{\Delta} \boldsymbol{f}(\boldsymbol{r}) = \boldsymbol{h}(\boldsymbol{r}) \tag{5.118}$$

La matrice de Green de cette équation obéit à :

$$\widehat{\Delta} \widehat{G}(\boldsymbol{r}) = \widehat{\mathbb{1}} \delta(\boldsymbol{r}) \tag{5.119}$$

et vaut (voir équation 5.117) :

$$\widehat{G}(\boldsymbol{r}) = -\frac{\widehat{\mathbb{1}}}{4\pi r} \tag{5.120}$$

Cette matrice de Green est utile pour calculer le champ magnétique produit par un électro-aimant ou le vecteur vitesse d'un fluide en rotation.

Cas de l'équation d'onde vectorielle

L'équation d'onde vectorielle s'écrit :

$$\left(\boldsymbol{\nabla} \wedge \boldsymbol{\nabla} \wedge -k^2 \widehat{\mathbb{1}} \right) \boldsymbol{f} = \boldsymbol{h} \tag{5.121}$$

On retrouve cette équation notamment en électromagnétisme (équation de propagation du champ électrique et du champ magnétique) et en mécanique des milieux continus (propagation du champ de vitesses d'une onde mécanique dans un matériau). La matrice de Green du système obéit donc à :

$$\left(\boldsymbol{\nabla} \wedge \boldsymbol{\nabla} \wedge -k^2 \widehat{\mathbb{1}} \right) \widehat{G}(\boldsymbol{r}) = \delta(\boldsymbol{r}) \widehat{\mathbb{1}} \tag{5.122}$$

Pour le déterminer facilement on applique la divergence à cette dernière équation pour obtenir (on utilise l'identité $\boldsymbol{\nabla}^T \boldsymbol{\nabla} \wedge = 0$) :

$$- k^2 \boldsymbol{\nabla}^T \widehat{G}(\boldsymbol{r}) = \boldsymbol{\nabla}^T \left(\delta(\boldsymbol{r}) \widehat{\mathbb{1}} \right) \tag{5.123}$$

Sans expliciter la divergence des champs matriciels, on utilise la définition du Laplacien vectoriel pour réécrire l'équation 5.122 en :

$$\left(\boldsymbol{\nabla} \boldsymbol{\nabla}^T - \widehat{\Delta} - k^2 \widehat{\mathbb{1}} \right) \widehat{G}(\boldsymbol{r}) = \delta(\boldsymbol{r}) \widehat{\mathbb{1}} \tag{5.124}$$

et on développe pour obtenir :

$$\boldsymbol{\nabla} \left(\boldsymbol{\nabla}^T \widehat{G}(\boldsymbol{r}) \right) - \left(\widehat{\Delta} + k^2 \widehat{\mathbb{1}} \right) \widehat{G}(\boldsymbol{r}) = \delta(\boldsymbol{r}) \widehat{\mathbb{1}} \tag{5.125}$$

On remplace ensuite $\boldsymbol{\nabla}^T \widehat{G}(\boldsymbol{r})$ grâce à l'équation 5.123 pour écrire :

$$-\frac{1}{k^2} \boldsymbol{\nabla}\boldsymbol{\nabla}^T \left(\delta(\boldsymbol{r})\widehat{\mathbb{1}}\right) - \left(\widehat{\Delta} + k^2\widehat{\mathbb{1}}\right) \widehat{G}(r) = \delta(\boldsymbol{r})\widehat{\mathbb{1}} \tag{5.126}$$

que l'on réarrange en :

$$\left(\widehat{\Delta} + k^2\widehat{\mathbb{1}}\right) \widehat{G}(r) = -\left[\widehat{\mathbb{1}} + \frac{1}{k^2}\boldsymbol{\nabla}\boldsymbol{\nabla}^T\right] \delta(\boldsymbol{r})\widehat{\mathbb{1}} \tag{5.127}$$

Or d'après l'équation d'Helmholtz vectorielle on a montré que (équation 5.117) :

$$\left(\widehat{\Delta} + k^2\widehat{\mathbb{1}}\right) \frac{\widehat{\mathbb{1}}e^{\pm ikr}}{4\pi r} = -\delta(\boldsymbol{r})\widehat{\mathbb{1}} \tag{5.128}$$

puis en multipliant cette équation à gauche par $\left[\widehat{\mathbb{1}} + 1/k^2\boldsymbol{\nabla}\boldsymbol{\nabla}^T\right]$ on obtient :

$$\left[\widehat{\mathbb{1}} + \frac{1}{k^2}\boldsymbol{\nabla}\boldsymbol{\nabla}^T\right]\left(\widehat{\Delta} + k^2\widehat{\mathbb{1}}\right) \frac{\widehat{\mathbb{1}}e^{\pm ikr}}{4\pi r} = -\left[\widehat{\mathbb{1}} + \frac{1}{k^2}\boldsymbol{\nabla}\boldsymbol{\nabla}^T\right] \delta(\boldsymbol{r})\widehat{\mathbb{1}} \tag{5.129}$$

or $\boldsymbol{\nabla}\boldsymbol{\nabla}^T\widehat{\Delta} = \widehat{\Delta}\boldsymbol{\nabla}\boldsymbol{\nabla}^T$, on peut donc écrire :

$$\left(\widehat{\Delta} + k^2\widehat{\mathbb{1}}\right)\left[\widehat{\mathbb{1}} + \frac{1}{k^2}\boldsymbol{\nabla}\boldsymbol{\nabla}^T\right] \frac{\widehat{\mathbb{1}}e^{\pm ikr}}{4\pi r} = -\left[\widehat{\mathbb{1}} + \frac{1}{k^2}\boldsymbol{\nabla}\boldsymbol{\nabla}^T\right] \delta(\boldsymbol{r})\widehat{\mathbb{1}} \tag{5.130}$$

Enfin, par identification avec l'équation 5.127 on trouve :

$$\widehat{G}(\boldsymbol{r}) = \left[\widehat{\mathbb{1}} + \frac{1}{k^2}\boldsymbol{\nabla}\boldsymbol{\nabla}^T\right] \frac{\widehat{\mathbb{1}}e^{\pm ikr}}{4\pi r} \tag{5.131}$$

On peut expliciter cette expression en passant par les coordonnées cartésiennes :

$$\widehat{G}(\boldsymbol{r}) = \begin{pmatrix} 1 + \frac{1}{k^2}\frac{\partial^2}{\partial x^2} & \frac{1}{k^2}\frac{\partial^2}{\partial x\partial y} & \frac{1}{k^2}\frac{\partial^2}{\partial x\partial z} \\ \frac{1}{k^2}\frac{\partial^2}{\partial x\partial y} & 1 + \frac{1}{k^2}\frac{\partial^2}{\partial y^2} & \frac{1}{k^2}\frac{\partial^2}{\partial y\partial z} \\ \frac{1}{k^2}\frac{\partial^2}{\partial x\partial z} & \frac{1}{k^2}\frac{\partial^2}{\partial y\partial z} & 1 + \frac{1}{k^2}\frac{\partial^2}{\partial z^2} \end{pmatrix} \begin{pmatrix} \frac{e^{\pm ikr}}{4\pi r} & 0 & 0 \\ 0 & \frac{e^{\pm ikr}}{4\pi r} & 0 \\ 0 & 0 & \frac{e^{\pm ikr}}{4\pi r} \end{pmatrix} \tag{5.132}$$

soit en développant le produit matriciel :

$$\widehat{G}(\boldsymbol{r}) = \frac{1}{4\pi} \begin{pmatrix} \frac{e^{\pm ikr}}{r} + \frac{1}{k^2}\frac{\partial^2}{\partial x^2}\frac{e^{\pm ikr}}{r} & \frac{1}{k^2}\frac{\partial^2}{\partial x\partial y}\frac{e^{\pm ikr}}{r} & \frac{1}{k^2}\frac{\partial^2}{\partial x\partial z}\frac{e^{\pm ikr}}{r} \\ \frac{1}{k^2}\frac{\partial^2}{\partial x\partial y}\frac{e^{\pm ikr}}{r} & \frac{e^{\pm ikr}}{r} + \frac{1}{k^2}\frac{\partial^2}{\partial y^2}\frac{e^{\pm ikr}}{r} & \frac{1}{k^2}\frac{\partial^2}{\partial y\partial z}\frac{e^{\pm ikr}}{r} \\ \frac{1}{k^2}\frac{\partial^2}{\partial x\partial z}\frac{e^{\pm ikr}}{r} & \frac{1}{k^2}\frac{\partial^2}{\partial y\partial z}\frac{e^{\pm ikr}}{r} & \frac{e^{\pm ikr}}{r} + \frac{1}{k^2}\frac{\partial^2}{\partial z^2}\frac{e^{\pm ikr}}{r} \end{pmatrix} \tag{5.133}$$

En utilisant que $r = \sqrt{x^2 + y^2 + z^2}$, $\frac{\partial}{\partial x} r = x/r$ (de même pour y et z) et la définition de la fonction de Green de l'équation de Poisson 3D :

$$\Delta \frac{1}{r} = \left(\frac{\partial^2}{\partial x^2} + \frac{\partial^2}{\partial y^2} + \frac{\partial^2}{\partial z^2} \right) \frac{1}{r} = -4\pi \delta(\boldsymbol{r}) \tag{5.134}$$

on trouve après calculs que la matrice de Green peut s'écrire sous la forme [8] :

$$\widehat{G}(\boldsymbol{r}) = -\frac{\delta(\boldsymbol{r})\widehat{\mathbb{1}}}{3k^2} - \frac{e^{\pm ikr}}{4\pi k^2 r^3} \left\{ \left[1 \mp ikr - (kr)^2 \right] \widehat{\mathbb{1}} - \frac{1}{r^2} \left[3 \mp ikr - (kr)^2 \right] \boldsymbol{r}\boldsymbol{r}^T \right\} \tag{5.135}$$

5.5 Forme intégrale d'EDP linéaire

5.5.1 Introduction

Certaines EDP sont difficiles à résoudre dans des domaines de géométrie complexe impliquant des conditions aux limites qui ne peuvent être satisfaites par les repères orthogonaux classiques (cartésien, cylindrique, sphérique, axisymétrique etc). Par conséquent on résout souvent numériquement les EDP en les réduisant, par des intégrales, en équations matricielles pour utiliser des méthodes de type éléments finis ou éléments frontières : la plupart des simulations informatiques (transfert de chaleur, propagation électromagnétique, acoustique, déformation de structures etc) sont réalisées par ce type de méthode.

Outre l'aspect du calcul numérique, la réduction d'une EDP en équation intégrale permet d'obtenir parfois une bonne approximation de la solution de cette équation, à condition que la fonction de Green de l'opérateur soit connue. C'est le cas par exemple de la théorie de la diffraction et de la formulation de Kirchhoff, il s'agit de la forme intégrale de l'équation d'Helmholtz. Il existe de nombreuses EDP linéaires. Pour l'exemple, nous nous intéresserons ici aux EDP linéaires d'ordre 2 comportant un Laplacien.

5.5.2 Forme intégrale de $\left(\Delta + \widehat{L}\right) f = h$

Soit une fonction $f(\boldsymbol{r}')$ à déterminer et une fonction connue $h(\boldsymbol{r}')$ (fonction source à domaine limité Ω_s) régie par l'équation :

$$\left(\Delta' + \widehat{L}'\right) f(\boldsymbol{r}') = h(\boldsymbol{r}') \tag{5.136}$$

où le prime indique que l'opérateur agit sur la variable $\boldsymbol{r}'$ et l'opérateur linéaire $\widehat{L}$ est invariant par translation. On nomme $g(\boldsymbol{r}')$ la fonction de Green de l'opérateur $\Delta' + \widehat{L}'$ qui doit être connue :

$$\left(\Delta' + \widehat{L}'\right) g(\boldsymbol{r}') = \delta(\boldsymbol{r}') \tag{5.137}$$

et que l'on réécrit en effectuant la transformation $\boldsymbol{r}' \to \boldsymbol{r}' - \boldsymbol{r}$:

$$\left(\Delta' + \widehat{L}'\right) g(\boldsymbol{r}' - \boldsymbol{r}) = \delta(\boldsymbol{r}' - \boldsymbol{r}) \tag{5.138}$$

Pour trouver la forme intégrale de l'équation 5.136, on utilise la propriété du Laplacien du produit de deux fonctions pour écrire :

$$\Delta' \left[f(\boldsymbol{r}')g(\boldsymbol{r}' - \boldsymbol{r})\right] = 2\boldsymbol{\nabla}'g.\boldsymbol{\nabla}'f + f\Delta'g + g\Delta'f \tag{5.139}$$

avec $h = h(\boldsymbol{r}')$, $g = g(\boldsymbol{r}' - \boldsymbol{r})$ et $f = f(\boldsymbol{r}')$ (pour la simplicité de la notation). En utilisant 5.136 et 5.138 on obtient :

$$\Delta'\left[f(\boldsymbol{r}')g(\boldsymbol{r}'-\boldsymbol{r})\right] = 2\boldsymbol{\nabla}'g.\boldsymbol{\nabla}'f + f\left(\delta(\boldsymbol{r}'-\boldsymbol{r}) - \widehat{L}'g\right) + g\left(h - \widehat{L}'f\right) \tag{5.140}$$

On intègre ensuite cette dernière équation dans son domaine de résolution Ω (qui est un volume en trois dimensions ou une surface en deux dimensions) :

$$\int_{\Omega} \mathrm{d}\Omega'\,\Delta'\left[f(\boldsymbol{r}')g(\boldsymbol{r}'-\boldsymbol{r})\right] = 2\int_{\Omega}\mathrm{d}\Omega'\,\boldsymbol{\nabla}'g.\boldsymbol{\nabla}'f + f(\boldsymbol{r}) - \int_{\Omega}\mathrm{d}\Omega'\,f\widehat{L}'g$$
$$+ \int_{\Omega}\mathrm{d}\Omega'\,gh - \int_{\Omega}\mathrm{d}\Omega'\,g\widehat{L}'f \tag{5.141}$$

avec (Ω_s est compris dans Ω) :

$$\int_{\Omega}\mathrm{d}\Omega'\,gh = \int_{\Omega_s}\mathrm{d}\Omega_s{}'\,gh \tag{5.142}$$

Une intégration par partie en coordonnées cartésiennes permet de montrer que (première identité de Green) :

$$\int_{\Omega}\boldsymbol{\nabla}'g.\boldsymbol{\nabla}'f\,\mathrm{d}\Omega' = \int_{\Gamma}f\boldsymbol{\nabla}'g.\boldsymbol{d\Gamma}' - \int_{\Omega}f\Delta'g\,\mathrm{d}\Omega' \tag{5.143}$$

où Γ est la surface (ou le contour en 2D) de Ω. L'équation 5.138 permet d'écrire alors :

$$\int_{\Omega}\boldsymbol{\nabla}'g.\boldsymbol{\nabla}'f\,\mathrm{d}\Omega' = \int_{\Gamma}f\boldsymbol{\nabla}'g.\boldsymbol{d\Gamma}' - f(\boldsymbol{r}) + \int_{\Omega}f\widehat{L}'g\,\mathrm{d}\Omega' \tag{5.144}$$

On note, pour la suite, la normale $\boldsymbol{n}$ à Γ. On définit ensuite la dérivée normale à Γ :

$$\frac{\partial}{\partial n} = \boldsymbol{n}.\boldsymbol{\nabla} \tag{5.145}$$

On réécrit l'équation 5.141 grâce à notre avant dernière équation :

$$\int_{\Omega}\mathrm{d}\Omega'\,\Delta'\left[f(\boldsymbol{r}')g(\boldsymbol{r}'-\boldsymbol{r})\right] = 2\int_{\Gamma}f\frac{\partial g}{\partial n'}\,\mathrm{d}\Gamma' - f(\boldsymbol{r}) + \int_{\Omega}f\widehat{L}'g\,\mathrm{d}\Omega'$$
$$- \int_{\Omega}g\widehat{L}'f\,\mathrm{d}\Omega' + \int_{\Omega_s}gh\,\mathrm{d}\Omega_s{}' \tag{5.146}$$

On utilise ensuite le théorème de flux-divergence sur le terme de gauche (avec $\boldsymbol{d\Gamma'} = \boldsymbol{n'}\,d\Gamma'$) :

$$\int_\Omega d\Omega'\,\Delta'\left[f(\boldsymbol{r'})g(\boldsymbol{r'}-\boldsymbol{r})\right] = \int_\Omega d\Omega'\,\boldsymbol{\nabla'}^T\boldsymbol{\nabla'}\left[f(\boldsymbol{r'})g(\boldsymbol{r'}-\boldsymbol{r})\right]$$

$$= \int_\Gamma d\Gamma'\,\frac{\partial}{\partial n'}\left[f(\boldsymbol{r'})g(\boldsymbol{r'}-\boldsymbol{r})\right] \quad (5.147)$$

soit, en utilisant la règle du produit de dérivation :

$$\int_\Omega d\Omega'\,\Delta'\left[f(\boldsymbol{r'})g(\boldsymbol{r'}-\boldsymbol{r})\right] = \int_\Gamma d\Gamma'\,f(\boldsymbol{r'})\frac{\partial}{\partial n'}g(\boldsymbol{r'}-\boldsymbol{r})+\int_\Gamma d\Gamma'\,g(\boldsymbol{r'}-\boldsymbol{r})\frac{\partial}{\partial n'}f(\boldsymbol{r'})$$

$$(5.148)$$

L'équation 5.146 peut alors s'écrire en isolant $f(\boldsymbol{r})$ à gauche :

$$f(\boldsymbol{r}) = \int_\Gamma f\frac{\partial}{\partial n'}g\,d\Gamma' - \int_\Gamma g\frac{\partial}{\partial n'}f\,d\Gamma' + \int_\Omega f\widehat{L}'g\,d\Omega' - \int_\Omega g\widehat{L}'f\,d\Omega' + \int_{\Omega_s} gh\,d\Omega_s'$$

$$(5.149)$$

où dans chaque intégrale :

$$g = g(\boldsymbol{r'} - \boldsymbol{r}) \qquad\qquad (5.150)$$
$$f = f(\boldsymbol{r'}) \qquad\qquad (5.151)$$
$$h = h(\boldsymbol{r'}) \qquad\qquad (5.152)$$

L'équation 5.149 est la formulation intégrale de l'équation 5.136. Cette forme est utile pour des résolutions numériques de type méthode des éléments frontières ou pour des approximations analytiques. On représente sur la figure 5.2 le schéma du problème où un observateur placé en $\boldsymbol{r}$ ressent le champ $f(\boldsymbol{r})$ (par exemple la température, en 2D) produit par la source $h(\boldsymbol{r})$ (qui serait un radiateur, d'aire Ω_s) dans le domaine Ω (aire de la pièce chauffée) délimité par le contour Γ où $f(\boldsymbol{r})$ est soumis à des conditions aux bords (dans l'exemple il peut s'agir de l'isolation thermique des murs).

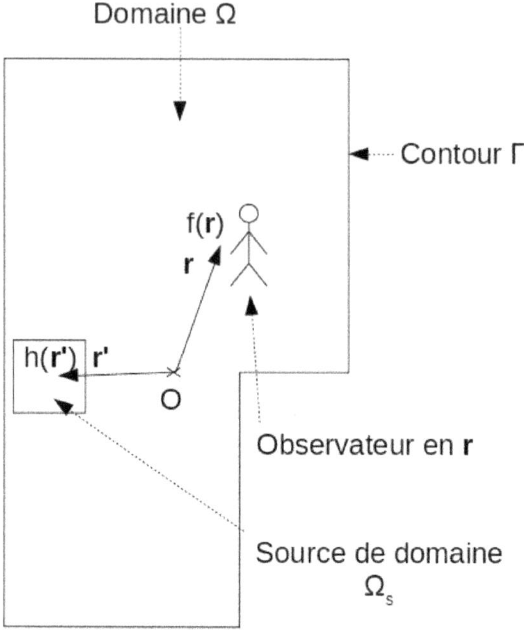

FIGURE 5.2 – Schéma représentant une source $h(\boldsymbol{r'})$, de domaine Ω_s, à la position $\boldsymbol{r'}$ produisant un champ $f(\boldsymbol{r})$ en $\boldsymbol{r}$ dans le domaine Ω de contour Γ. L'origine des coordonnées est indiquée par le point O.

Exemple de l'équation d'Helmholtz 3D homogène

L'équation d'Helmholtz homogène s'obtient à partir de l'équation 5.136 en posant :

$$\widehat{L} = k^2 \tag{5.153}$$

$$h = 0 \tag{5.154}$$

avec k une constante réelle et on obtient bien :

$$\left(\Delta + k^2\right) f = 0 \tag{5.155}$$

La forme intégrale de l'équation d'Helmholtz s'écrit alors ($\widehat{L} = k^2$ dans l'équation 5.149) :

$$f(\boldsymbol{r}) = \int_\Gamma f(\boldsymbol{r'})\frac{\partial}{\partial n'}g(\boldsymbol{r'} - \boldsymbol{r})\,\mathrm{d}\Gamma' - \int_\Gamma g(\boldsymbol{r'} - \boldsymbol{r})\frac{\partial}{\partial n'}f(\boldsymbol{r'})\,\mathrm{d}\Gamma' \tag{5.156}$$

avec $g(r) = -e^{ikr}/(4\pi r)$ (cas 3D), fonction de Green de l'équation d'Helmholtz. Cette équation, appelée aussi intégrale de Kirchhoff-Helmholtz, est solvable par intégration si l'on connaît à la fois f et $\frac{\partial}{\partial n}f$ sur le bord Γ du domaine Ω de résolution. Dans la plupart des cas, on ne connaît pas simultanément ces deux données (pour le lecteur intéressé, voir les conditions aux bords de Dirichlet et de Neumann concernant les EDP). On peut en revanche, faire une approximation de la fonction f sur le bord Γ. C'est le cas par exemple de l'approximation de Kirchhoff en théorie de la diffraction des ondes.

Bibliographie

[1] K. F. Riley, M. P. Hobson, and S. J. Bence. *Mathematical Methods for Physics and Engineering : A Comprehensive Guide*. Cambridge University Press, 3 edition, 2006.

[2] P. Moon and D.E. Spencer. *Field Theory Handbook : Including Coordinate Systems, Differential Equations and Their Solutions*. Springer Berlin Heidelberg, 2012.

[3] Andrei Polyanin and Valentin Zaitsev. *Handbook of Exact Solutions for Ordinary Differential Equations*. 2002.

[4] Yuriy Shmaliy. *Continuous-Time Signals*. Springer Netherlands, 2006.

[5] J.J. D'Azzo and C.H. Houpis. *Linear Control System Analysis and Design : Conventional and Modern*. McGraw-Hill, 1988.

[6] Andrei Polyanin and Vladimir Nazaikinskii. *Handbook of Linear Partial Differential Equations for Engineers and Scientists, Second Edition*. 2016.

[7] Andrei Polyanin and Valentin Zaitsev. *Handbook of Nonlinear Partial Differential Equations*. 2003.

[8] Weng Cho Chew. *Waves and Fields in Inhomogenous Media*. IEEE Press, 1995.

Index